KB171863

과학기술혁신정책에 대하여

과학기술혁신정책에 대하여

발 행 | 2019년 3월 4일
저 자 | 이영훈
펴낸이 | 한건희
펴낸곳 | 주식회사 부크크
출판사등록 | 2014.07.15.(제2014-16호)
주 소 | 경기도 부천시 원미구 춘의동 202 춘의테크노파크2단지 202동 1306호
전 화 | 1670-8316
이메일 | info@bookk.co.kr

ISBN | 979-11-272-6445-1

www.bookk.co.kr

과학 Science, 기술 Technology, 혁신 Innovation, and 정책 Policy

에 대하여

이영훈 지음

Science, Technology, Innovation, and Policy

서 문

국내의 과학기술혁신정책은 1992년과 1997년에 각각 설립된 기술경영경제학회와 한국기술혁신학회 등을 통하여 25년 이상의 학문적 역사를 쌓아왔다. 또한, 최근 정부의 적극적인 R&D 지원 정책과 기술경영에 대한 산·학·연의 높은 수요에 따라, 과학기술혁신정책을 교육하는 국내 대학 수가 크게 증가하고 있다. 이들 대학들은 대부분 석·박사 과정 학생들을 대상으로 기술경영학, 기술정책학, 기술경영경제정책학, 과학기술학, 과학기술정책학, 과학기술경영정책학 등 다양한 측면에서 과학기술혁신정책을 교육하고 있다.

하지만, 저자뿐만 아니라 과학기술혁신정책학을 교육하고 있는 대부분의 대학 교수들은 적절한 교재를 선택하는데 어려움을 겪어, 관련 이론과 사례에 대한 별도의 자료를 준비하여 강의하고 있다. 이는 새로운 이론과 사례의 등장이 빈번하기 때문이라기보다는, 과학기술혁신정책학이 다루고 있는 범위가 넓고 다학제적 성격을 띠고 있기 때문이다. 또한, 최신의 특정 정책 사례를 교재에 담아내는 것은 집행과정에서 정책의 변동 가능성과 성공의 불확실성 외에도, 정책에 대한 저자의 분석이 특정 정권에 대한 편향으로 비칠 수 있는 점이 학자에게 큰 부담감으로 다가오기 때문이다.

그럼에도 불구하고 이 책을 집필하게 된 이유는 학생들에 대한 교육 과정과 정책 기획 및 집행 일선에서 이론에 대한 맹신과 오용, 논쟁과 토론의 부족, 학문적 고립으로 인한 연구의 한계 등을 절실히 느꼈기 때문이다. 또한, 저자의 강의 자료를 제본하여 평소 책처럼 읽고 있다는 몇몇 학생들의 말에, "완전치는 않지만 여러 사람들과 같이 고민해볼 수 있는 작은 화두를 담은 책을 집필해야겠다."라는 책임감을 느낌과 동시에 희망을 얻어서이기도 하다.

이 책은 과학, 기술, 혁신, 정책과 이를 둘러싼 다양한 학문에서의 이론 및 사례 연구를 기반으로 정리되었으며, 저자의 연구와 경험을 바탕으로 같이 생각해볼 만한 사항을 추가하였다. 1장에서는 과학기술정책혁신의 정의 및 범위와 더불어 과학, 기술, 정책에 대하여 각각 살펴보며, 2장에서는 과학기술학, 3장에서는 혁신이론에 대하여 살펴보았다. 각 장의 말미에는 생각을 정리하거나 확장해볼 수 있도록 몇 가지 질문과 관련 연구사례들을 제시하였다. 마지막으로 4장에서는 과학, 기술, 혁신 관련 사례를 통하여 기본 지식을 정리하고, 독자와 같이 고민할 화두를 던지고자 한다. 서명의 '과학', '기술', '혁신', '정책' 중 '혁신'을 별도로 3장에서 제시한 이유는, 독자들이 혁신이론에 대한 기본적인 이해가 있다고 가정하고 '과학, 기술, 정책'을 먼저 설명한 후, 타 도서에서 많이 다루지 않은 혁신이론과 발전과정을 위주로 제시하였기 때문이다. 물론, 기술혁신을 처음 접하는 독자를 위하여 혁신이론들에 대한 간략한 설명을 서두에서도 언급하고 있다.

이 책은 우리나라 기술경영의 발전을 위하여 항상 노력하시는 고려대학교 기술경영전문대학원 김영준 부원장님 외 여러 교수님들 없이는 탄생할 수 없었다. 특히, 저자의 수업을 통하여 과학기술혁신정책에 대하여 같이 고민하고, 이 책을 집필하게 된 계기와 동기를 불어 넣어준 학생들께 감사드린다.

마지막으로, R&D 정책 기획 및 집행의 일선 현장에서 함께 고생하는 한국산업기술평가관리원 직장 동료분들, 혁신을 위해 같이 고민했던 전 직장 동료분들, 항상 날카로운 조언과 함께 따뜻한 격려를 아끼지 않는 가족들, 그리고 가장 존경하고 언제나 사랑스러운 아내에게 이 책을 바친다.

2019년 3월

서울 안암동과 대구를 오가며

이 영 훈

차 례

1

과학, 기술, 정책이란 무엇인가?

제1장

과학, 기술, 정책

과학기술혁신정책학의 정의와 범위

과학기술혁신정책학에 대하여 논하기에 앞서, 먼저 그 정의에 대하여 살펴보자. 우선 과학기술혁신정책학에 대한 연구와 교육을 우리보다 먼저 시작한 해외의 연구들을 살펴보면, 과학기술혁신정책은 대부분 STIP로 칭하며, 그 약자를 풀어 보면 Science, Technology, and Innovation Policy[a] 또는 Science, Technology, Innovation, and Policy[b]로 불리고 있다.

---

a) Lundvall, B. Å., & Borrás, S. (2005), Science Policy Research Unit Homepage, Laranja, M., Uyarra, E., & Flanagan, K. (2008) 등

b) Research Policy Journal Homepage, Australian Nantional University Homepage 등

전자의 경우는 과학-기술-혁신을 일련의 과정 또는 하나의 주제로 보고 이에 대한 정책 연구[1]로 해석하는 측면이며, 후자의 경우는 과학기술혁신정책학을 과학, 기술, 혁신 간의 상호작용에 대한 이론적·실험적 연구를 바탕으로 정책적 함의를 찾아가는 연구[2]를 수행하는 측면이다. 이 책에서는 후자의 측면에서 과학기술혁신정책학을 설명하고자 노력하였다. 그 외에도 과학기술혁신정채하을 과학을 위한 정책, 기술을 위한 정책, 혁신을 위한 정책의 합으로 해석하는 사례도 존재한다. 안타깝게도 우리나라는 과학, 기술, 혁신 간의 상호작용에 대하여 고민하기보다는, 아직까지 과학기술과 산업기술을 별도로만 생각하고 혁신 정책을 추진하고 있는 실정이다.

과학기술혁신정책학에 대한 이러한 다양한 정의와 접근 방법은 과학기술혁신정책에 대한 명칭과 인식이 변화하여온 역사와 그 맥락을 함께 한다고 할 수 있으며, 이에 대하여 마틴(Ben R. Martin)[3] 교수는 아래와 같이 설명하고 있다.

1960년대 주로 사용되었던 명칭은 과학정책 또는 연구정책(science policy or research policy)으로서 '과학'이라는 협소한 영역으로 정책의 초점이 한정되었다. 이는 당시에 '과학'이 기술과 혁신의 발전의 원동력이라는 선형적 모형(linear model)의 관념이 지배하고 있었기 때문이다. 1970년대 ~ 1980년대에 와서는 '과학'이라는 한정적 단어에서 벗어나 '과학', '기술', '혁신'이라는 단어의 조합들로 명칭이 다양화되기 시작하였다. 하지만, 1990년대까지만 해도 '혁신'이라는 단어는 '과학', '기술'의 특성 상 일반적으로 같이 사용되는 명사로 사용되거나 과학이나 기술에 대한 '경영(management)' 측면에서 사용되어, 지금의 혁신 연구와는 거리가 멀었다. 2000년대 들어서 과학기술혁신정책학은 과학, 기술, 혁신에 대한 정책적, 경영·경제적, 관리적 측면에서 연구되고 있을 뿐만 아니라, 지식기반경제(knowledge-based economy)사회 개념의 등장과 함께 지식의 생성, 획득, 확산, 활용 등도 연구 분야에 포함하고 있다.

과학, 기술, 혁신, 정책을 둘러싸고, [그림 1]과 같이 과학철학, 과학의 진리 추구, 과학기술, 과학기술학, 과학지식, 기술지식, 기술혁신, 과학기술혁신, 혁신체제, 지식사회, 기술 네트워크, 혁신 네트워크, 과학정책, 기술정책, 혁신정책, 과학기술혁신정책 등 우리가 한번쯤은 들었을 법한 다양한 논의, 이론, 학문 등이 제시되어 왔다.

그림 1 과학, 기술, 혁신, 정책을 둘러싼 논의

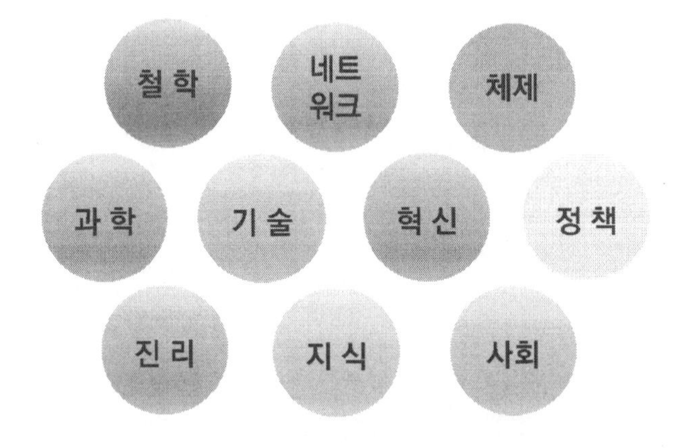

과학, 기술, 혁신, 정책을 둘러싼 이러한 다양한 학문 속에서 과학기술혁신정책학의 학문적 연구 영역은 어떻게 될까? 기본적으로 과학기술혁신정책학은 [그림 2]와 같이 기술경영학과 함께 사회과학(social science)에 그 학문적 중심을 두고 있다. 또한, 공공 분야에서의 과학기술혁신정책은 정부의 정책의제결정, 정책의 분석, 결정, 집행, 평가 등의 정책 과정을 수반하기 때문에, 그 연구 범위가 정책학과 행정학의 범위로 확장된다.

그림 2 과학기술혁신정책학의 연구 영역

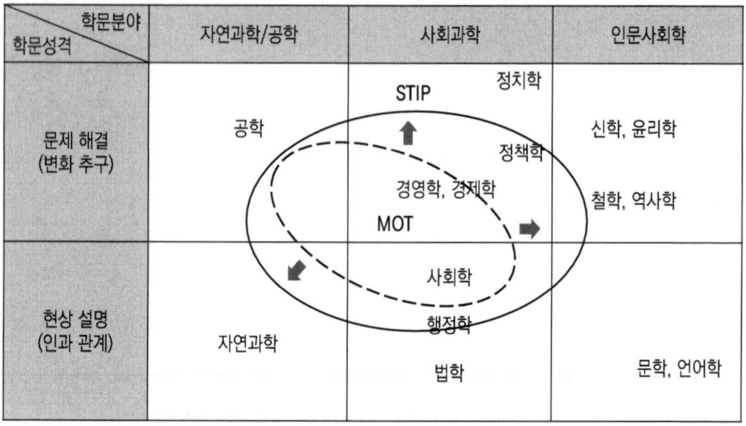

학문분야 / 학문성격	자연과학/공학	사회과학	인문사회학
문제 해결 (변화 추구)	공학	STIP, 정치학, 정책학, 경영학, 경제학, MOT	신학, 윤리학, 철학, 역사학
현상 설명 (인과 관계)	자연과학	사회학, 행정학, 법학	문학, 언어학

-- MOT : Management Of Technology
— STIP : Science, Technology, Innovation, and Policy

〈출처 : 이찬구 외(2018)[4]가 제시한 내용을 수정〉

한편, 과학기술정책학의 발전 과정에 많은 영향을 미쳤으나, 현재는 많은 과학기술정책 연구자들이 별도의 학문으로 생각하고 간과하고 있는 과학기술학(Science and Technology Studies, STS)으로도 과학기술정책학의 연구 영역이 확장될 필요가 있다. 이는 과학기술혁신정책의 과정이 단순히 자연과학/공학과 사회과학 측면에서 이루어지는 것이 아니라, 인문사회학적 접근이 반드시 필요한 공공재적 성격을 가지고 있기 때문이다. 피터 드러커(Peter F. Drucker)[5]는 공공 분야에서의 혁신이 이루어지기 힘든 이유로 공공 분야의 경우 실적보다는 예산으로 평가 받으며, 스스로 선한 일을 위해 존재한다고 믿으며, 수많은 이해 관계자가 존재하는 특성을 가지기 때문이라고 하였다. 그러므로 공공 분야에서의 이루어지는 과학기술정책은 공학 또는 경영학에서 다루는 생산성과 효율성 등의 접근 방식만이 아닌, 윤리와 철학과 같은 인문사회학적 접근도 필요한 것이다.

이러한 측면에서 과학기술혁신정책학은 기술경영학에 비하여 보다 넓은 범위에서 연구되어야 한다. 다시 말해, 과학기술정책 연구자들은 기술경영의 연구 영역을 확장하여 행정학/정책학과 더불어 과학기술학을 이해하고, 자연과학/공학-사회과학-인문사회학 간의 소통과 융합을 강화할 필요가 있다. 이를 다시 앞에서 살펴본 과학기술혁신정책의 정의에 따라 생각해보면, [그림 3]과 같이 과학기술혁신정책학(STIP)은 Science(과학), Technology(기술), Innovation(혁신), and Policy(정책)에 대한 연구로서, 일부 영역을 과학기술학(STS)과 공유하고 있다고 설명할 수 있다. 이러한 이유로 본서에는 1장과 3장에서 다루고 있는 과학, 기술, 혁신, 정책 외에도 과학기술학을 별도로 2장에서 논의하고자 한다.

그림 3 과학기술혁신정책학의 구성

학문성격 \ 학문분야	자연과학/공학	사회과학	인문사회학
문제 해결 (변화 추구)	기술	STIP 혁신 정책 MOT	과학기술학
현상 설명 (인과 관계)	과학		

– – MOT : Management Of Technology
—— STIP : Science, Technology, Innovation, and Policy

'과학'에 대하여 구체적으로 살펴보기에 앞서, 먼저 선행 연구들에서 제시하고 있는 '과학', '기술', '정책'의 일반적인 정의를 살펴보도록 하자.

과학은 "자연현상에 대한 일반적인 진리나 법칙을 체계화하여 확립한 지식을 의미한다."[7], "지식을 뜻하는 라틴어의 scientia에서 유래된 것이다."[7]

기술은 "과학을 활용하여 인간의 효용을 증가시킬 수 있는 물건을 생산하는 데 활용될 수 있도록 응용된 지식을 의미한다."[7], "technology 라는 단어의 'logy'는 원래 과학과 유사한 뜻을 갖는 그리스어의 'logos'에서 온 것이며 'techno'는 기능을 뜻하는 technique에서 온 것이다."[6,7]

정책은 "문제를 해결하기 위해 정부가 달성하여야 할 목표와 그것의 실현을 위한 행동방안에 관한 지침"[8], "일관성 있는 행위들로 구성된 일련의 정부 결정들"[8], "바람직한 사회 상태를 이룩하려는 목표와 이를 달성하기 위해 필요한 수단에 대하여 권위 있는 정부 기관이 공식적으로 결정한 기본방침이다."[8]

위의 정의를 눈으로 쭉 훑고 지나가면, 하나 같이 당연하게 들릴 수 있을 것이다. 하지만, 그 문구들을 하나씩 뜯어보면 아래와 같은 궁금증이 생기게 된다. 저자는 이러한 궁금증에 대하여 답안을 제시하기보다는, 독자가 함께 고민할 수 있도록 이 책을 구성하고자 노력하였다. 아래의 궁금증에 대하여 하나씩 고민해 보고 다음 절에서 다시 논의하도록 하자.

과학은 '일반적인 진리를 체계화'한 지식이라고 하는데, 과학은 정말로 진리에 대한 또는 진리를 추구하는 학문이라고 할 수 있는가? 과학은 '확립한 지식'이라고 하는데 확립은 누가, 어떻게, 어떠한 방식으로 이루어지는가?

기술은 '과학을 활용'한다고 하는데, 과학은 기술에 반드시 선행되어야 하는 것인가? 기술은 '물건을 생산하는 데 활용'된다는데, 물건의 생산만이 기술의 대상인가?

정책은 '문제를 해결하기' 위한 것이며 '바람직한 사회상태'를 이룩하려는 목표라는 데, 문제와 바람직한 사회 상태는 누가, 어떻게, 어떠한 방식으로 정의되는가? 정책은 과연 '일관성 있는 행위'인가?

과학과 기술

'과학'이라는 단어를 들었을 때 가장 먼저 떠오르는 인물은 누구일까? 아마도 많은 사람들이 뉴턴(Isaac Newton, 1642~1727) 또는 아인슈타인(Albert Einstein, 1879~1955)을 떠올릴 것이다. 누구나 알고 있는 두 명의 거장 중 보다 먼저 과학에 대한 이론을 정립하였던 뉴턴에 대하여 살펴보자.

뉴턴은 근대 과학의 선구자로서 물리학과 수학에서의 중요 이론을 확립하였다. 우리는 중학교 교과 과정에서부터 뉴턴의 운동 법칙, 만유인력의 법칙 등을 접하면서 '뉴턴'은 '과학자'라는 관념을 자연스럽게 가지고 있다.

하지만, 뉴턴은 스스로를 '철학자'라고 믿었는데, 이는 당시의 철학자라는 단어가 고대 그리스 명상가들로부터 비롯된 '지혜를 사랑하는 사람'[7]을 의미하기 때문이기도 하다. 또한, 뉴턴이 제시한 운동의 3가지 법칙(관성의 법칙, 힘과 가속도의 법칙, 작용-반작용의 법칙)을 담은 저서 제목을 통해서도 그의 믿음이 극명하게 드러난다. 1687년 출간되자마자 걸작으로 칭송 받은 그의 저서의 제목은 『자연철학의 수학적 원리(Philosophiae Naturalis Principia Mathematica)』로, 영문명은 'Mathematical Principles of Natural Philosophy'이다.

즉, 우리가 생각하는 뉴턴의 이미지와는 달리, 뉴턴은 수학적 기술을 통하여 자연철학을 이해하고자 노력한 위대한 '자연철학자'이였던 것이다. 이와 같이 '과학(Science)'의 시작 지점은 인문사회학의 '철학'과 뿌리를 같이하고 있다.

그렇다면, 과연 과학은 언제부터 철학과 함께 했을까? 위에서 살펴 본 뉴턴 이전의 철학자 또는 과학자까지 거슬러 올라가 보자. 기원전 6세기의 만물의 근원을 추구하던 자연철학에는 만물의 근원은 수라는 피타고라스, 만물의 근원은 물이라는 탈레스 등이 존재하였으며, 데모크리토스는 쪼갤 수 없는 원자(atom)의 개념을 제시하면서 우주는 무한한 다수의 원자로 이루어져 있다고 주장하였다. 이 후 아리스토텔레스(Aristoteles, B.C. 384~322)는 자연학(physica)과 형이상학(metaphsica)으로 자연철학을 발전시켰다. 이와 같이 고대철학에서도 자연현상은 수학적이고 과학적인 접근방법을 통하여 연구되었으며, 이러한 현상은 서양 근대철학의 출발점이 된 데카르트(René Descartes, 1596~1650)에 이르러 확연하게 드러난다.

우리에게 철학자로서 잘 알려져 있는 데카르트는 그의 저서 『철학의 원리(Principia Philosophiae)』, 영문명 'Principle of Philosophy'에서 진리의 발견을 위해 모든 것을 의심해나가는 '방법론적 회의'를 통해, 누구나 의심할 수 없는 절대적이고 확고한 진리인 '나는 생각한다 (고로) 나는 존재한다.'라는 제1원리를 도출하였다. 이러한 그의 업적 덕분에 현재까지도 데카르트는 근대 철학의 아버지로 불리고 있다.

하지만, 우리들이 간과하고 있는 사실은 데카르트는 근대철학 뿐만 아니라, 근대과학을 열었던 인물이라는 점이다. 자연과학/공학을 전공한 독자들이라면 많이 들어 봤을 법한 카르테시안 좌표계(cartesian coordinates)의 탄생 과정을 살펴보자.

방 한구석에서 윙윙거리고 있는 파리를 한가롭게 바라보던 데카르트는 갑자기, 파리의 위치를 세 수로 표시할 수 있다는 생각에 이르렀다. 그 세 수는 방구석에서 교차하는 세 개의 벽면에서 파리가 앉아 있는 곳까지의 거리에 해당한다는 사실을 깨달았다. 그는 곧바로 3차원으로 나아갔고, 그래프를 그려본 적이 있는 어린이들이라면 모두 그의 통찰력의 핵심을 알고 있을 것이다. 그래프상의 한 점은 두 수로 표현될 수 있는데, 각 수는 수평의 x축과 수직의 y축으로부터 그 점까지의 거리에 해당한다. 3차원에서는 z축 하나를 추가하면 그만이다. 이런 식으로 공간(또는 종이 위)에서 점들의 위치를 수로 표시하는 체계를 이제는 데카르트의 이름을 따서 데카르트 좌표(cartesian coordinates)라고 한다. (중략) …

이 발견이 마침내 완벽하게 정리되어 발표되기에 이르렀고, 대수학으로 기하학을 좀 더 쉽게 분석할 수 있게 되자 수학은 일대 전환기를 맞이했다. 그 반향은 곧바로 20세기의 상대성이론과 양자이론의 발전으로 이어졌다. 그 과정에서, 알려진(또는 특정한) 양(상수)을 나타내기 위해서 알파벳의 처음 부분에 있는 철자들(a, b, c, …)을 사용한 반면, 알

려지지 않은 양(미지수)을 나타내기 위해서는 알파벳의 끝부분에 있는 철자들(특히 x, y, z)을 사용하게 되었는데, 이런 관례를 도입한 것도 다름 아닌 데카르트였다. 그리고 x^2이 $x \times x$를 뜻하고, x^3이 $x \times x \times x$를 뜻하는, 현재 우리에게 익숙한 지수 표기법을 도입한 것도 바로 그였다. 설령 그가 이 일밖에 한 것이 없다고 할지라도, 분석수학의 모든 기초들을 놓았다는 사실만으로도 데카르트가 17세기의 핵심인물로 분류되기에 충분하다. 그러나 그것이 전부는 아니었다.

〈출처 : 존 그리빈(2004), 150〉[9]

데카르트가 고안한 카르테시안 좌표와 대수학은 기존의 개념적 정의 또는 측정에만 의지하던 자연 현상에 대한 법칙들을 수학적 모델 형태의 이론으로 제시할 수 있게 해주었다. 예를 들어 [그림 4]의 태양계와 관련된 측정과 이론의 과정[10]을 살펴보면, 데카르트의 좌표와 대수학 도입 이전 코페르니쿠스(Nicolaus Copernicus, 1473~1543)는 사고실험을 통하여 태양계를 개념적으로 제시하는 데 그쳤다. 또한, 정밀 측정기기를 개발하여 천문을 측정, 연구한 튀코 브라헤(Tycho Brahe, 1546~1601)도 태양계를 개념적으로 제시하는 수준에 머물고 있었다. 이 때 등장한 데카르트의 좌표와 대수학은 태양계의 이론과 측정에 일대 변혁을 가지고 왔으며, 그 덕분에 뉴턴은 만유인력의 법칙을 제시할 수 있었고 케플러(Johannes Kepler, 1571~1630)의 법칙에 대한 설명이 이루어질 수 있었다.

그림 4 태양계의 측정과 이론

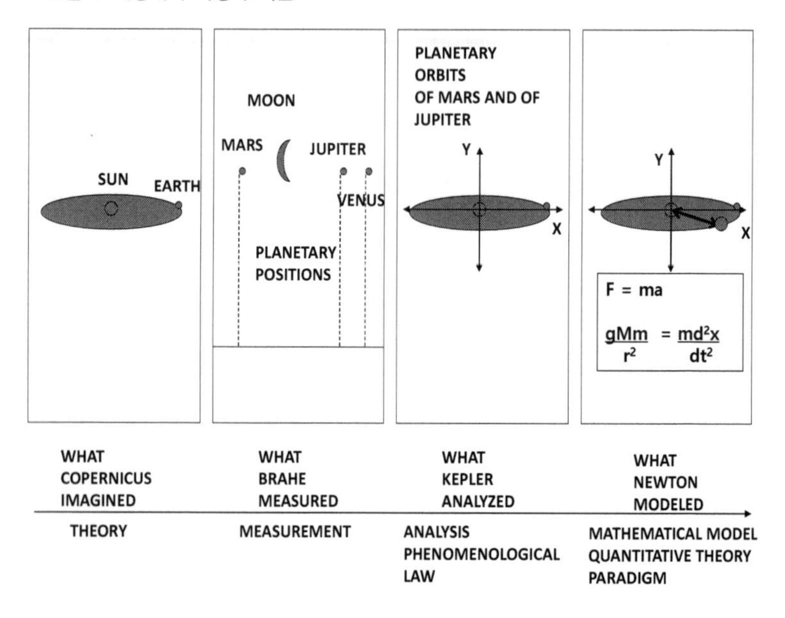

〈출처 : Betz, F. (2010)[10]〉

위에서 살펴보았듯이 일반인들에게 '과학자'로 더 잘 알려져 있는 '뉴턴'은 실제로는 '철학'을 연구했으며, 일반인들이 '철학자'로서 인식하고 있는 '데카르트'는 역사적으로 '과학'을 선도한 인물이다. 또한, 흥미로운 것은 1687년 발간된 뉴턴의 『자연철학의 수학적 원리(Mathematical Principles of Natural Philosophy)』는 앞서 1663년에 발간된 데카르트의 저서인 『철학의 원리(Principle of Philosophy)』의 개념을 활용한 점이다. 서명에서도 알 수 있듯이 뉴턴은 그의 연구 대상을 철학에서 자연철학으로 한정하였고, 자연철학에 대한 원리의 도출과정을 수학적으로 접근하고자 노력하였다.

하지만, 뉴턴의 차별화된 수학적 접근 방법(과학적 방법) 조차도 우리가 철학자로 알고 있는 데카르트에 의해 가능하게 되었다. 다시 말해 과학과 철학은 서로 얽혀 있으며, 두 학문은 그리 멀리 있지 않고, 서로 간 상호작용을 하는 관계라고 볼 수 있다. 상호작용에 대한 정의와 다양한 연구는 제3장 '과학기술혁신(STI)'과 제4장 '과학기술혁신정책 관련 사례연구'에서 논의하도록 하자.

앞에서 제기하였던 과학의 정의에 대한 첫 번째 궁금증에 대하여 다시 살펴보자. 과학은 '일반적인 진리를 체계화'한 지식이라고 하는데, 과학은 정말로 진리에 대한 또는 진리를 추구하는 학문이라고 할 수 있는가? 과학이 진리에 대한 학문이라면, 먼저 진리의 정의가 무엇인지 살펴볼 필요가 있다.

진리에 대해서는 '참인 문장', '인식과 객관과의 일치', '보편적이고 확실한 기준' 등 다양한 설명[11,12]은 있지만, 어떤 연구에서도 확실하게 진리에 대해서 정의를 내리지 못하고 있다. 다만, 진리는 절대적이고 보편적이고 불변하는 속성을 가지고 있으며, 진리의 존재를 바라보는 태도에 따라 절대주의, 상대주의, 불가지론, 실용주의 등의 철학이 등장해 왔다[13].

하지만, 과학의 역사를 살펴보면, 증명되고 확립되었던 이론과 법칙도 폐기되고 새로운 이론으로 대체되거나, 일정 조건 하에서는 기존의 이론도 참이기 때문에 기존 법칙을 그대로 이용하는 경우가 발견된다. 예를 들어, 뉴턴역학이 상대성 이론으로, 상대성 이론이 양자역학으로 변화하여 왔으나, 여전히 뉴턴역학, 상대성 이론 등은 조건에 따라 사용되고 있다. 이러한 연유로 일부 연구자들은 과학이 근사적 진리(approximately true)에 근거하여 성공해 왔다고 주장하기도 한다[14,15].

그럼에도 불구하고 많은 과학자들은 과학은 진리를 추구하는 학문이며, 언젠가는 모든 것을 설명할 수 있는 최종적인 이론이 나타날 것이라고 믿고 있다[15]. 그러나 과학과 비과학을 구분할 수 있는 과학방법론에 대해서 과학자들에게 물어보면 모두들 대답을 회피하는데, 이는 의견을 표현하고는 싶으나 실제로는 정리된 의견이 없어 이를 숨기거나 겸연쩍어 하는 것에서 비롯된 행동이라고 1960년 노벨생리의학상 수상자 피터 메더워(Peter Medawar, 1915~1987)는 말하고 있다[16].

다음으로 기술에 대하여 살펴보자. 앞에서 살펴 본 정의에 따르면 기술은 과학을 활용하여 인간의 효용을 증가시킬 수 있는 물건을 생산하는 데 활용될 수 있도록 응용된 지식을 의미한다. 여기서 기술이 과학을 이용하기 위해서는, 과학이 기술에 선행하여야 하는 선형적인 구조를 가정하여야 한다.

하지만, 과학과 기술의 역사를 보면 반드시 그렇지는 않다는 것을 알 수 있다. 예를 들어 라이트 형제는 수많은 경험과 노하우를 통하여 최초의 비행기인 플라이어 (Flyer) 제작에 성공한 것이지 기계역학, 유체역학, 동역학 등의 과학적 지식을 활용하여 기술을 개발한 후 비행기 제작에 성공한 것이 아니다.

즉, 과학과 기술은 상호작용을 통하여 서로 영향을 주고받으며 공명 또는 상호 발전을 거듭해 왔으며, 이 과정에서 지식과 혁신이 발생되고, 최종적으로 가치를 창출하게 되는 것이다. 이에 따라 우리는 과학을 단지 진리 탐구를 위한 학문으로 인식하지 않아야 하며, 혁신을 일으키는 기술과 상호작용을 하는 관계를 가진 학문으로서 과학을 바라봐야 한다.

과학기술-사회학-인문학 간 간극

세계 각국에서는 과학을 위한 투자를 지속적으로 늘려왔다. 이러한 정부의 과학에 대한 투자 사유를 일반인들은 경제발전에서 찾지만, 장하석 교수는 이와 같은 일반인들의 생각은 "과학을 기술로 오해"[17]하기 때문이라고 말하고 있다.

이와 비슷한 사유에서 최근 과학기술 관련 헌법 조문에 대한 개정 요구가 일어나고 있다. 『대한민국헌법』 제127조 1항에 따르면 "국가는 과학기술의 혁신과 정보 및 인력의 개발을 통하여 국민경제의 발전에 노력하여야 한다."라고 명기되어 있다. 이 조항에 대한 생물학연구정보센터와 한겨레 사이언스가 과학기술인 종사자 총 2,280명을 대상으로 설문 조사한 결과[18]에 따르면, 73% 이상의 응답자가 과학기술을 경제 발전의 도구로 인식하는 해당 조항의 개정이 필요하다고 답변하였으며, 과학과 기술을 분리할 필요가 있다는 응답자도 69%나 되었다.

또한, 한 과학기술인단체에서 제출한 헌법 개정 요구 의견서를 보면 "혁신이라는 용어는 묵은 풍속, 관습, 조직, 방법 따위를 바꾸어서 새롭게 함이라는 국어사전의 용례를 보더라도, 국가의 인위적 개입으로 과학의 자연스러운 발전 흐름을 저해하는 의미로 읽힐 수 있음. 따라서 북돋우고 조력하며 돕는 의미를 가진 용어를 쓰는 것이 바람직함"[19]이라고 명기되어 있다. 이는 일부 과학기술인들이 혁신의 의미를 국가의 개입으로 인식하고 과학 발전을 저해하는 것으로 인식하고 있음을 말하는 것이다.

하지만, 사회과학 측면에서의 혁신은 일부 과학기술인들이 주장하는 것과 상당히 다르다. 혁신에 대하여 체계적 연구를 최초로 시도한 학자 또는 현대 경영학의 아버지로 일컬어지는 슘페터(Joseph Alois Schumpeter, 1883~1950)는 "기존의 시장을 지배하고 있는 기업들과 경쟁하여 이기기 위해서는 창조적 파괴 과정이 필요하며, 이러한 창조적 파괴 과정이 혁신이라고 설명하였다."[20] 이후 지식기반경제사회에 들어서면서는 [그림 5]에서와 같이 지식의 창출, 확산 등을 통하여 지식이 가치를 창출하는 과정 전체를 혁신 활동으로 보고 있다. 즉, 과학기술에 혁신이라는 단어를 넣는 것이 국가의 인위적 개입으로 과학의 자연스러운 발전 흐름을 저해한다는 것은 혁신이라는 단어에 대한 과학기술인들의 오해이다. 여기서의 혁신은 과학기술의 과정을 인위적으로 뜯어고치는 개입을 말하는 것이 아니라, 서로 다른 주체 간의 활발한 상호작용을 통해 창출된 지식이 가치로 발전해 나가는 과정을 말하는 것이다.

그림 5 지식 활동 관점에서의 혁신

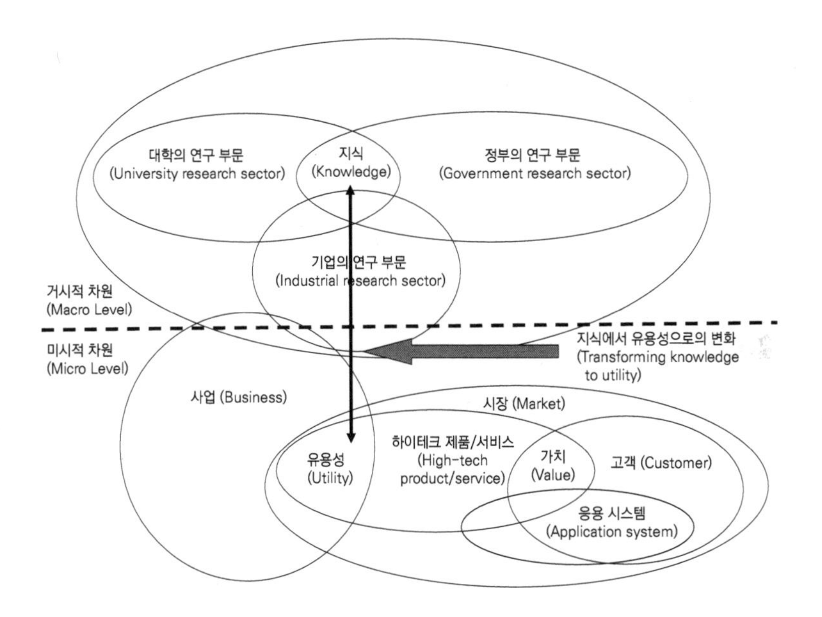

〈출처 : Betz, F. (2010)[10] 재구성〉

다음으로 한 물리학자의 연구 사례[21]를 살펴보고자 한다. 해당 연구에서 그는 커피전문점과는 달리 보건소나 초등학교 등의 위치 선정은 사회적 기회비용을 고려하여야 한다고 설명하고 있다. 이러한 주장을 뒷받침하기 위하여 그는 우리나라의 각 시설물의 밀도과 인구밀도를 분석하여, 시설물의 밀도(D)와 인구밀도(ρ) 간의 관계를 식 (1)과 같이 제시하고 각 시설물에 해당하는 α를 [표 1]과 같이 도출하였다. 해당 연구에 따르면 이윤이 중요한 은행, 주차장, 커피전문점 등은 인구밀도가 높은 곳일수록 다수가 위치하게 되며, 지방으로 갈수록 그 숫자가 급감한다는 것이다. 반면 위의 시설들에 비하여 초등학교, 소방서, 보건소 등은 인구밀도가 상대적으로 낮아도 접근 편의성을 고려하여 위치하고 있다는 것이다. 이러한 과학적 분석 사례를 통하여 그는 과학이 사회에 도움을 줄 수 있다고 강조하고 있다.

$$D = \rho^{\alpha} \quad \text{식 (1)}$$

D : 시설물의 밀도, ρ : 인구밀도

표 1 시설물의 밀도와 인구밀도 간의 관계에서의 α

시설물	은행	주차장	커피 전문점	병원	대학교	경찰서	공공 기관	초등 학교	소방서	보건소
α	1.2	1.1	0.99	0.96	0.93	0.71	0.70	0.68	0.60	0.09

〈출처 : 김범준(2015)[21]〉

이 분석은 참신하고 명쾌해 보이지만, 사회과학적 시각에서는 분석 과정에 많은 의문이 들게 된다. 해당 연구의 우수성을 깎아내리거나 연구 방법론의 문제 등을 논하자는 얘기가 아니라, 사회현상을 바라봄에 있어 과학기술자가 접근하는 방식과 사회과학자가 접근하는 방식의 간극을 논해보기 위함임을 밝힌다.

먼저 인과관계를 명확히 할 필요가 있다. 시설물을 염두하고 사람들이 이동하여 인구밀도가 형성되는 것인지, 이미 인구밀도가 형성된 지역에 시설이 들어서는 것인지에 대한 검토가 필요하다. 일례로 많은 사람들이 편의시설과 병원 등을 염두하고 이주하는 경우를 종종 볼 수 있다. 만일, 동일한 분석 방법 하에서 인과관계를 명확화하기 위해서는, 시설물의 설립시기와 인구밀도의 연도별 변화를 같이 고려하는 등의 분석이 필요해 보인다. 또한, 사회과학자들은 해당 분석에 대하여 실제 더 강한 설명력을 가지는 독립변수가 존재할 수 있음에도 왜 인구 밀도만을 독립변수로 설정하였는지, 예상되는 외생변수는 어떠한 것이 있는지, 다른 변수들은 왜 고려하지 않았는지, 각 시설물 간에 상관관계는 없는지, 분석 결과의 유의성은 얼마나 되는지 등 많은 의문을 가질 것이다.

위의 의문점에 대하여 과학기술인은 '뚜렷하게 차이를 보이는 분석 결과로서 충분히 설명력을 가지는데, 왜 다른 것을 고려해야 하는가?'라고 질문할 수 있을 것이다. 하지만, 앞서 사례에서 물리학자가 주장하였듯이 과학이 사회에 도움이 되기 위해서는 연구의 결과와 제언이 실제 정책으로 이어져야 하며, 해당 사례와 같이 '사회적 비용'을 고려하여야 하는 연구와 정책 과정에서는 과학기술적 측면뿐만 아니라 사회학, 인문학 측면의 접근과 고민이 필요하다.

마지막으로 논의할 주제는 과학기술의 사회적 책임 문제이다. 과학기술은 사회와 동떨어진 것이 아니며, 항상 낙관적인 것만은 아니다. 과거부터 많은 연구자들은 과학은 하나의 합리적인 사회 제도이며, 내부의 특별한 규범[22]을 통하여 스스로 발전해 나가는 가치와 규범의 복합체라고 믿어 왔다. 앞서 보았듯이 아직도 혁신이라는 단어를 국가의 인위적 개입으로 생각할 만큼, 대부분의 과학기술인들은 연구자 집단 내에서의 논쟁과 반증을 통하여 스스로 발전해 나갈 수 있다고 생각한다.

하지만, 맨해튼 프로젝트(Manhattan Project) 사례에서도 알 수 있듯이 최초에는 과학적 호기심으로 원자폭탄 개발에 뛰어든 과학자들도, 그들의 사회적 책임을 회피할 수는 없다. 이러한 책임은 비단 과학의 최종 결과물에만 해당하지 않는다. 과학과 기술에서의 지식 창출 과정은 사회연결망 속에서 이루어지는 것이며, 비인간과 인간 등으로 구성된 네트워크 속에서 이루어지기 때문이다.

이러한 지식 창출 과정 속에서 미참여자를 공저자로 표기하거나, 학생인건비 유용하거나, 학생들의 열정페이를 강요하는 행위 등이 아직도 근절되지 못하는 것은 지식 창출 과정 속에서의 사회적 책임감이 부족한 것이다. 혹자는 이를 일부 사람들에서만 나타나는 극히 예외적인 사항으로 치부하지만, 이러한 현상들은 하루아침에 형성되지 않는다. 이는 개별 연구에 몰입한 나머지 올바른 사회적 학습이나 교감, 인문학적 소양을 축적하는데 소홀하였기 때문이다. 또한, 이는 과학을 사회와 동떨어진 것으로 간주한 채 과학자 내부의 규범 만에 의존한 과학은 올바른 방향으로 발전하지 못한다는 것을 극명히 보여주는 사례이다.

펀토위즈(Silvio O. Funtowicz)와 라베츠(Jerome R. Ravetz)는 과학은 탈정상과학(post-normal science) 단계에 접어들었으며 탈정상과학은 "사실은 불확실하고, 가치가 논쟁의 대상이 되며, 결과의 파급력은 크지만, 신속한 결정이 요구되는 과학"[23]이라고 설명하고 있다. 또한, 기본스(Michael Gibbons)는 과학기술에 대한 지식은 이제 지적 탁월성 외에도 경제, 사회, 정치적 영향력 등과 같은 다양한 항목으로 평가받고 통제 받고 있다고 주장하였다[24]. 특히, 탈정상과학의 형태로서 경제, 사회, 정치적 이슈가 큰 지구온난화, 원자력 발전, 유전자조작식품 등의 최근 과학기술 정책에 대한 논의와 수행은 해당 과학기술 분야의 전문가 집단에서만 이루어지는 것이 아니라 다양한 분야의 전문가와 일반인들을 포함하는 사회·정치적 성격의 활동으로 확장되고 있다[25].

정리하면 우리가 흔히 사용하는 혁신이란 단어에서 조차 과학기술과 사회과학 간의 큰 해석차가 존재하며, 동일한 이슈에 대한 연구 방법론에 있어서도 과학기술과 사회과학 간에 간극이 존재하고 있다. 또한, 최근의 과학기술은 다양한 주체로부터 경제, 사회, 정치적 영향력 등 다양한 항목으로 평가 받고 논의되고 있음에도 불구하고, 과학기술인들은 여전히 개별학문에 대한 연구에만 빠진 나머지 사회학, 인문학적 요인의 중요성을 점점 잃어가고 있다.

과학기술은 독립된 지식이 아니라 사회와 상호작용을 하는 비인간과 인간 등으로 구성된 네트워크에서 발생된다. 이러한 네트워크 속에서 주체 간의 간극으로 인하여 상호작용이 충분히 일어나지 못한다면, 결국 과학과 기술은 혁신으로 이어지지 못할 것이다. 이러한 문제점에 대한 고민들은 과학에 대한 사회학적 분석을 시도하게 된 계기가 되었고, 이에 대해서는 제2장 '과학기술학(STS)'에서 더 자세히 논의하고자 한다.

정책의 이해

정책은 "문제를 해결하기 위해 정부가 달성하여야 할 목표와 그것의 실현을 위한 행동방안에 관한 지침"[26], "정부기관에 의하여 결정이 되는 미래를 지향하는 행동의 주요지침이며, 최선의 수단에 의하여 공익을 달성하는 것을 공식적인 목표로 하는 것"[27] 등으로 정의된다. 또한, 정부가 개입하지 않기로 한 결정 혹은 회피 등의 무의사 결정(non-decision making)도 정책으로 보아야 한다[28,29].

정책학을 살펴보기에 앞서, 행정학에서의 정책에 대한 논의를 먼저 살펴보도록 하자. 행정은 정책의 결정과 형성, 정책의 집행과 관리 활동으로 구성되어 있으며, 행정은 법의 규제 하에서 국가의 목적 또는 공익 실현을 목표로 하는 국가의 능동적이고 적극적인 국가의 작용을 말한다. 하지만, 이는 정부의 행정인 공행정(public administration)에만 국한된 것이며, 최근에는 민간 기업과 관련된 사행정(business administration)도 행정의 개념에 포함된다.

1887년 윌슨(Thomas Woodrow Wilson, 1956~1924)은 행정학의 시초가 된 그의 저서 『행정의 연구(The study of administration)』[30]에서 엽관제[c)]의 폐해를 극복하고 행정의 능률성 제고를

---

c) 정당에 대한 공헌이나 인사권자와의 개인적인 연고 관계를 기준으로 공무원을 임용하는 인사행정 제도를 말한다. 엽관에 의한 임용은 집권당에 대한 관료적 대응성을 보장하기 위한 민주적 장치로 인식되고 있으나, 다른 한편 행정의 공정성과 능률성을 해치고 정치·행정적 부패를 야기할 우려가 있다.〈출처 : 이종수(2009). 행정학사전. 대영문화사〉

위해서 정치로부터 행정을 분리하여야 한다는 정치·행정 이원론을 주장하였다. 이에 따라 능률주의 중심의 정책 집행과 관리 활동으로 국한되었던 행정은 1930년대 큰 변혁을 맞이하게 된다.

1929년 시장실패로 발생된 경제대공황 극복을 위하여 미국의 루스벨트(Franklin Roosevelt) 정부는 뉴딜정책을 추진하면서 행정기능의 재량권을 확대하였는데, 이 과정에서 행정의 정책결정과 형성에 대한 기능이 부각되었다. 이에 따라 행정은 사회문제를 해결하기 위한 가치판단의 기능을 가지게 되었으며, 정책의 집행뿐만 아니라 정책의 결정을 포함하는 정치·행정 일원론으로 변모하였다. 이 과정에서 시장실패에 대한 이론적 정립과 더불어 정부의 시장 개입이 정당성을 얻게 되었고, 이는 1960 ~ 1970년대 개발도상국들의 정부 주도형 발전 전략으로 이어지게 되었다.

그러나 이러한 정부의 적극적인 개입이 일부 개발도상국에서 권력 독점과 관료의 부패, 비효율적인 국영기업 건립 등의 문제를 야기 시키면서, 오히려 저개발을 심화하는 결과를 낳게 되었다. 또한, 1980년대의 과다한 복지지출로 인한 재정적자, 경기침체, 석유파동 등의 정부실패로 인하여, 정부관료 조직만으로는 문제해결이 어렵다는 인식과 함께 그 정당성을 잃어가기 시작하였다. 이로 인하여 정치·행정 이원론에 더 가까운 신공공관리론, 거버넌스(governance)라는 이론이 등장하였다. 거버넌스는 규제완화, 복지지출 감소, 민간위탁, 민영화 등을 통하여 작고 효율적인 정부와 참여지향적, 시장주의적 작은 정부를 지향한다.

이러한 거버넌스의 개념은 1990년대 다시 정부와 다양한 주체들

간의 상호작용이 이루어지는 네트워크 개념의 신국정관리론, 뉴거버넌스(new governance)로 변모하게 된다. 전통적인 개념의 정부(government)는 시장과 시민사회에 대한 일방적인 공권력을 통하여 사회문제를 해결하였으나, 뉴거버넌스에서의 정부는 지역·국가·국제사회수준에서 공공문제해결을 위한 다양한 주체들이 참여하는 네트워크의 협력을 중요시 한다. 또한, 거버넌스 이론에서는 국민을 고객으로 인식하고 민영화 등을 통하여 효율적인 서비스를 제공하는데 중점을 두고 있으며, 뉴거버넌스에서는 국민을 정부의 정책 결정에 직접적으로 개입하는 주인으로 인식하고 상호작용을 통하여 서비스를 제공하는데 초점이 맞춰져 있다[31].

이와 같이 행정학에서는 시장실패, 정부실패 등의 문제를 해결하기 위하여 정책결정과 정책집행 간의 분리와 통합에 대한 많은 이론적 논의가 이루어져 왔고, 현재는 다양한 주체들이 참여하는 네트워크 형태의 뉴거버넌스 관점에서 정책결정과 정책집행이 통합되어 이루어진다고 보고 있다.

다음으로 정책학의 발자취와 연구 영역 등을 알아보자. 현대의 정책학의 시작은 라스웰(Harold Dwight Lasswell, 1902~1978)의 1951년 논문인 『정책지향(The policy orientation)』으로부터 비롯되었는데, 여기서 라스웰은 "정책은 사회변동의 계기로서 미래 탐색을 위한 가치와 행동의 복합체"[32]이며 "목표와 가치 그리고 실제를 포함하고 있는 고안된 계획"[32]으로 정책을 정의하고 있다. 라스웰은 정책에 필요한 지식과 정책과정을 중요시 하였는데, 이 이론들은 당시 유행하였던 행태주의에 가려 빛을 보지 못하였다. 행태주의는 제도 내에서의 인간의 의견이나 태도와 같은 행태, 즉 실제의 활동을 중요시하며, 경험적이고 객관적 현상을 바탕으로 법칙을 정립하는 연구방법이다. 그러므로 행태주의 입장에서는 가치 중심의 문제를 연구대상으로 하는 정책학은 논의의 대상이 될 수 없었다.

하지만, 행태주의는 인간의 투표 행태와 같은 연구에만 몰두한 나머지 현실 사회에서 이슈가 되는 문제나 제도적 장치 등의 연구는 경시한 채 현실과는 동떨어진 연구에 치중하게 되었다. 또한, 연구방법론 위주의 연구에 집중한 나머지, 연구의 최종 목적인 정책적 제언이나 의의를 제시하는데 한계가 있었다. 이러한 현실적합성이 결여된 행태주의는 1960년대의 흑인 폭동과 월남전 반대 등의 사회적 이슈의 등장으로 인하여 커다란 한계를 드러내었으며, 이는 행동과 현실적합성을 강조하는 후기 행태주의의 등장으로 이어졌다.

이에 따라 1960년대 후반에는 새로운 형태의 정책학 연구가 활발하게 진행되었는데, 드로어(Yehezkel Dror)는 정책학의 목적은 정책결정 체제에 대한 이해와 개선에 있으며, 정책학의 초점은 정책대안의 개발, 대안의 비교와 선택을 위한 분석, 정책결정의 전략 등에 있으며, 이러한 과정은 범 학문적인 접근이 요구된다고 설명하였다[27].

라스웰의 정책학은 네 가지 지향성을 가지는데 첫째는 문제 지향성으로서 문제 해결을 위하여 목표를 명확화하고, 과거의 경향성을 검토하고, 상황적인 조건을 분석해야 하며, 정책에 따른 미래를 예측하고, 다양한 대안의 개발과 평가, 선택에 대한 전략 등의 연구가 필요하다는 것이다. 둘째는 맥락 지향성으로 정책문제의 해결을 위해서는 시간적·공간적 상황과 역사성 등의 맥락성을 고려하여야 한다는 것이다. 셋째로는 다양한 방법론으로서 문제 해결을 위한 정책 과정에는 다양한 학문적 지식이 필요하다는 것이다. 마지막은 처방적 접근으로서 규범적 접근과 함께 실증적인 접근 방법이 동시에 필요하다는 것이다.

라스웰은 정책학의 연구목적을 4단계의 목표로 정의하고, 하위목표에서는 정책과정에 대한 실증연구와 정책과정에 필요한 지적활동을 이루어야 하며, 구체적 목표 단계에서는 정책의 바람직한 결정·집행·평가에 필요한 지식의 제공을 제시하고 있다. 중간 목표 단계에서는 정책과정의 합리성을 제고하는데 목표가 있으며, 궁극적인 정책의 연구목표는 인간의 존엄성을 실현하는데 있다고 설명하였다.

그림 6 정책과정

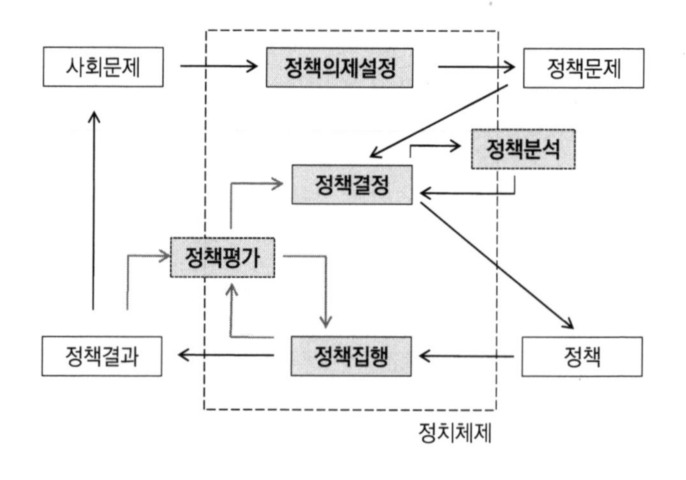

그렇다면 정책은 어떤 과정으로 진행될까? 정책과정에서의 핵심적 정책활동은 [그림 6]의 점선 내에 존재하는 활동으로서 정책의제설정, 정책결정, 정책집행으로 구성이며, 이러한 활동에 요구되는 지적작업은 점선의 내·외부에 걸쳐있는 정책분석과 정책평가이다. 정책활동은 정치체제에서 수행하며 사회문제, 정책문제, 정책, 정책결과는 정치체제 밖에 존재하는 투입 또는 산출의 개념이다.

사회에는 무수히 많은 문제가 존재하며, 이 중 어떠한 문제를 정책적으로 검토할지 선정하고 어떠한 문제를 방치 또는 회피할지 결정하는 활동을 정책의제설정이라고 한다. 이는 앞에서 살펴본 정부가 개입하지 않기로 한 결정 혹은 회피 등의 무의사 결정도 정책으로 보아야 한다는 주장과 일치한다. 정책문제는 정부의 개입이 필요한 무수한 사회문제 중 정부가 해결하기 위하여 공적으로 채택한 문제를 말한다. 이러한 정책문제의 해결을 위하여 정책대안을 탐색하고 검토하는 일종의 의사결정 과정을 정책결정이라고 하며, 정책결정은 복잡하고 동태적인 특징을 가지고 있다. 이는 서로 상반되는 이해관계자들이 사회에 다양하게 존재하기 때문이며, 이들은 단계별로 지속적으로 본인들의 이해를 위하여 노력하기 때문이다. 이 과정에서 여러 정책대안에 대한 체계적인 탐색과 결과의 예측, 대안 간 비교와 평가 등을 통하여 정책결정자의 선택 판단에 도움을 주고자하는 과정을 정책분석이라고 한다.

정책이 결정되면 언론보도 등을 통하여 정부는 사회에 정책을 알리는 작업을 시행한다. 하지만, 정책결정의 산출물은 개념적인 문서로서, 이 문서에 포함된 여러 목표와 계획을 실제에서 구현하여야

만 정책문제를 해결할 수 있다. 이와 같이 결정된 정책을 실천하는 과정, 즉 선택된 행동지침과 사업계획을 보다 구체화하고 실행에 옮기는 과정을 정책집행이라고 한다. 정책집행에서는 정책을 담당할 기관, 인력, 예산 등을 정하고, 집행기관에서는 시행 세칙과 일자를 정하는 일련의 작업들이 수행된다. 정책집행을 통하여 정책문제가 어느 정도 해결되기도 하지만, 정책결과의 일부는 예상치 못했던 또 다른 사회문제로 이어지기도 한다. 정책평가는 이러한 정책결과뿐만 아니라 정책집행 과정에 대한 체계적인 평정 작업으로서, 이를 통하여 정책의 목표달성도와 같은 효과성뿐만 아니라, 능률성, 적정성, 적합성, 대응성, 형평성 등을 파악하여 환류 시킴으로써 정책결정과 정책집행 과정의 향상이 이루어진다.

국가개입의 논리

정책은 수많은 사회문제 중 일부 문제를 정부가 개입하는 것을 말하며, '어떠한 문제에 직면하였을 때 정부가 개입해야 하는가?'에 대하여 많은 논의들이 있어 왔다.

첫 번째로 살펴볼 상태는 시장실패(market failure)이다. 시장실패란 시장경제에서 재화나 서비스 등의 자원이 최적 수준 보다 적거나 또는 많게 공급되거나, 전혀 공급되지 못하는 경우 발생된다. 피구(Arthur Cecil Pigou, 1877~1959)의 『후생경제학(The Econ omics of Welfare)』[33]에서는 시장에서 가격을 매개로 재화와 서비스가 수요자와 공급자의 선택에 의해 최적 수준으로 배분이 이루어진 다면, 이를 파레토 효율이 달성된다고 한다. 또한, 그는 이러한 효율이 최적화 되지 못한 상태인 시장실패를 치유하기 위하여 정부의 시장 규제가 필요하다고 주장하고 있다.

그림 7 최적 수준의 생산과 배분

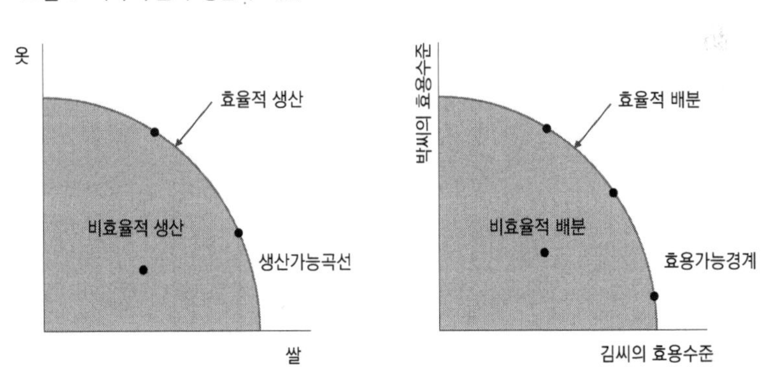

하지만, 실제 파레토 효율 수준에서 서비스나 재화가 교환되는 상황은 시장 전체의 상황에서 봤을 때 매우 희소하다. 이에 대해 자세히 살펴보기 위하여 시장에서 옷과 쌀만 생산되고 배분되는 상황을 가정해보도록 하자. [그림 7]과 같이 생산가능곡선을 따라 생산되는 옷과 쌀의 옷의 생산량이 결정된다면 효율적 생산이 가능하다. 하지만, 이를 배분의 효용가능경계 곡선을 따라 배분한다고 해서 서로 다른 이해자를 만족시키기란 쉽지 않다.

예를 들어 쌀과 옷이 각각 10세트가 존재하고 쌀 1세트와 옷 1

세트의 가격이 동일한 있는 시장에서, 이를 김 씨와 박 씨 2명에게 동일한 수준으로 배분하는 매우 단순한 상황을 가정해 보자. 이때 효용가능경계 곡선에 따라 김 씨에게 쌀 4세트와 옷 6세트, 박 씨에게 쌀 6세트와 옷 4세트를 배분한다면 자원 분배의 효용가능경계에 의해 이루어졌으므로 효율적이라고 할 수는 있지만, 김 씨와 박 씨 모두 쌀을 더 많이 가져가길 선호한다면 배분의 효과성과 공평성을 기대할 수는 없을 것이다. 그렇다면 여기서 김 씨와 박 씨에게 쌀과 옷 각각 5세트씩을 배분하면 배분의 효율성, 효과성, 공평성을 모두 만족시킬 수 있지 않느냐고 물을 수 있다. 하지만, 분배의 효과성과 공평성을 위해서는 김 씨와 박 씨의 소득 수준, 부양가족, 나이, 성별 등 고려해야 할 요소가 무수히 존재한다.

게다가 실제의 시장경제는 무수히 많은 이해관계자들로 구성되어 있으며 서로 요구하는 공급과 배분 수준의 합의가 시장에서는 불가능한 경우가 많다. 예를 들어 특정 공장에서 배출하는 오염 물질로 인하여 주민 피해가 발생하는 상황에서 공장주가 주민이 동의하는 수준의 대가를 지불하고 공장을 기존과 동일하게 가동해도 되는 것인가? 주민 피해 외의 환경 훼손에 대한 비용은 어떻게 책정하고 이에 대한 대가를 지불하게 하여야 하는가? 만일 과다한 비용 청구로 인하여 공장의 매출 및 고용 축소가 발생한다면, 어떠한 것이 사회적으로 바람직한 최적 수준이라고 할 수 있는 것인가? 다른 예로는 경찰서, 소방서와 같은 공공재를 들 수 있다. 만일 이러한 공공 서비스가 시장경제 논리에 의해서만 결정된다면, 이러한 서비스가 공급되기도 힘들뿐만 아니라, 공급이 이루어지더라도 배분의 효율성, 효과성, 공평성 등을 기대하기 힘들 것이다.

시장실패의 발생 요인에는 공공재, 외부효과, 독과점, 정보의 비대칭성 등이 있다. 공공재란 공급된 이후에는 대가를 지불하지 않은 사람이 이를 이용하는 것을 막을 수 없는 재화나 서비스를 말하는데, 대가를 지불하지 않고도 사용 가능한 공공재는 최적 수준 이하로만 공급되기 쉽다.

외부효과 또는 외부성(externality)이란 재화나 서비스의 공급과 분배 작용이 제3자에게 의도하지 않게 유리하거나 불리한 효과를 미치는 것을 말하는데, 전자의 경우는 양의 외부성(positive externality) 후자의 경우는 음의 외부성(negative externality)이라고 한다. 양의 외부성의 사례로는 교육을 통한 순기능, 전염병의 예방접종, 신기술 개발 등이 있으며, 음의 외부성의 사례로는 간접 흡연 피해, 공장의 오염물질 배출 등이 있다.

독과점의 경우는 구매자가 다수인 반면에 공급자가 하나 또는 소수인 경우로서, 시장을 독점하고 있는 주체가 가격과 생산뿐만 아니라 배분에도 영향을 미치는 상황이므로 시장실패의 요인 중 하나로 여겨진다. 이러한 경우 정부는 경쟁 체제의 도입, 공기업의 설립, 가격 규제 등의 정책 수단을 통하여 독과점의 폐해를 방지하거나 완화한다.

정보의 비대칭성(asymmetry of information)이란 거래자 간의 정보 차이로 인하여 생기는 비대칭이 존재하는 것을 말한다. 정보의 비대칭성이 존재하는 상황에서 정보가 상대적으로 부족한 사람은 최적 수준의 선택을 하지 못하고 다른 선택을 하게 되는 역선택

(adverse selection) 현상이 일어날 수 있다. 또한, 정보의 비대칭성이 존재하는 상황에서 정보를 가진 사람이 정보를 갖지 못한 사람의 불이익을 이용하여 바람직하지 않은 행동을 하게 되는 도덕적 해이(moral hazard)가 발생할 수 있다.

시장실패에 이어 두 번째로 살펴볼 정부개입의 논리는 정부실패(government failure)이다. 이는 정부가 민간의 활동에 개입하여 파레토 효율을 달성한다는 것을 보장할 수 없다는 주장이다. 정부실패의 요인은 정부 관료들의 의사 결정 과정에는 경제적 유인책이 부족하기 때문에 경제적 효율성이 저해되는 방향으로 정부 정책이 수립되고 집행 될 수 있다는 이윤 동기의 부족이 있다. 다른 요인으로는 정부의 정보 수집과 전문 지식 습득과 보유에는 한계가 있으며, 정부의 정책 집행 이후 효과의 발생까지 생기는 시차로 인하여 정책의 결과가 왜곡되어 나타날 수 있는 요인 등이 있다. 또한, 일부 이해 당사자 간의 타협을 통하여 정책결정의 과정이 이루어진다거나, 행정편의나 부처 간 이해상충으로 인하여 정책이 본래 방향과 다르게 결정되고 집행될 수 있는 요인도 있다.

마지막으로 살펴볼 정부개입의 논리는 체제(시스템) 실패(system failure)이다. 체제실패에는 인프라(infrastructural failure) 실패, 제도 실패, 상호작용 실패, 역량 실패 등이 있다[34]. 인프라 실패는 혁신연구에서 논의가 상대적으로 적지만, 기업의 장기적 성공을 위해서는 신뢰할 만한 인프라가 필요하다는 것으로 통신 및 에너지 공급 인프라, 과학기술 관련 지식 및 설비 인프라, 수송 및 시설 등의 인프라 등이 있다. 제도 실패는 강한 제도 실패와 약한 제도 실패로 나뉘는데 전자는 혁신을 저해하는 제도로서 기술표준, 노동법, 지적재산권 등이며, 후자는 자연적으로 발생한 문화와 사회적 가치 등이 혁신 친화적이지 못하는 경우로서 자원을 공유하지 않으려 하거나 기업가 정신의 부족 현상 등을 말한다. 상호작용 실패도 강한 상호작용 실패와 약한 상호작용 실패로 나뉘는데, 전자의 경우는 주체 간 강한 상호작용이 외부 지식을 차단한다는 것이며, 후자의 경우는 학습과 혁신 결실을 맺는 관계를 형성하기 어렵다는 문제가 있다. 또한 역량 실패 상황은 기업이 새로운 기술과 수요에 적응하기 위한 혁신역량을 갖추는데 실패하는 것을 말한다.

생각해보기

#1 과학기술혁신정책 연구자에게 과학기술학에 대한 이해는 왜 필요한 것일까?

#2 과학기술 관련 헌법 개정은 필요한가? 필요하다면 무엇이 문제이고 어떻게 개정되어야 할까?

#3 정책학은 존재론적 연구인가? 인식론적 연구인가?

#4 독점과 혁신의 관계는 정(+)의 관계인가? 부(-)의 관계인가?

#5 정부는 왜 중소기업 지원에 집중하는가?

'생각해보기'에는 특별한 정답은 없다. 다만, 앞서 언급하지 않았던 질문에 대해서는 독자들의 생각에 도움이 되고자 몇 가지 연구 사례들을 제시하였다.

#3 정책학은 존재론적 연구인가? 인식론적 연구인가?

‘행정학(정책학)은 과학(science)인가 기술(art) 인가?’에 라는 질문의 ‘과학’과 ‘기술’이라는 용어로 인하여 해당 질문을 선뜻 이해하지 못하는 것을 느꼈다. 이에 저자는 ‘과학’을 ‘존재론적 연구’로 ‘기술’을 ‘인식론적 연구’로 변경하여 아래의 박종민(2009)[35]의 연구에 대하여 읽어보고 생각해보길 바란다.

art를 기술로 번역하여 과학과 대비시키고 한 걸음 더 나아가 이를 처방이나 실천과 동일시한 것이 한국행정학 연구와 교육에 준 영향은 무엇인가? 해석적 및 비판적 시각에서 행정의 사회적 구성을 주장한 전종섭은 과학 혹은 ‘기술’로서의 행정의 은유가 행정학의 이론과 실제에 상당한 영향을 주었다고 주장한다. 행정학의 성격으로 과학과 기술을 대비했기에 행정학 학술지는 계량분석을 사용한 실증연구나 처방연구에 대해 일방적으로 호의적이었다. 반면 해석학이나 질적 연구방법을 사용한 연구, ‘두터운 기술’에 근거한 문화해석에 대해서는 지나치게 인색하였다. 정책에 대한 규범적 및 비판적 이해나 정책담론의 철학적 및 규범적 논거를 다룬 논문 역시 행정학 학술지에서 경시되었다. 만일 ‘기술’로 번역되지 않고 인문학으로 번역되었다면 행정학 학술지는 비계량 논문들에 대해 현재보다 훨씬 더 우호적이었을 것이다. 〈출처 : 박종민 (2009)[35], 12~13〉

존재론과 인식론에 대해서는 '2장 과학기술학(STS)'에서 자세히 설명하고 있으므로 상세한 정의는 추후에 설명하겠지만, 본 질문을 바꾸어 말하자면 '행정학은 행정의 개념과 의의를 연구하는 학문인가? 행정을 위한 방법론을 연구하는 학문인가?'로 바꾸어 생각할 수 있다. 이러한 논쟁은 행정학뿐만 아니라 다양한 학문에서 일어나고 있으며 과학기술혁신정책학에서도 과학, 기술, 혁신, 정책에 대한 계량분석이 학문의 일부 영역을 차지하고 있다. 여기서 이러한 질문을 던진 이유는 계량분석방법론에 치중한 나머지 행태주의와 같이 현실과 동떨어진 연구에만 치중하고 사회적 이슈를 등한시 하는 학문적 태도를 경고하기 위함이다. 이러한 질문의 답에 정답은 없지만 라스웰이 제시한 정책학의 연구목적을 다시 한 번 읽어보고, 다시 질문을 읽어본 후 고민하거나 논쟁하는 시간을 가졌으면 한다.

#4 독점과 혁신의 관계는 정(+)의 관계인가? 부(-)의 관계인가?

이러한 질문에 대하여 대부분의 독자들은 앞서 시장실패의 요인 중 하나로 제시된 독점은 혁신과 부(-)의 관계일 것이라고 단언하기 쉽다. 하지만, 실제 시장경제에서 독점과 혁신의 관계를 쉽게 대답하기란 쉽지 않다. 독점과 혁신의 관계에 대하여 다른 측면에서 접근한 연구 사례들을 살펴보도록 하자.

신고전주의 학파는 완전 경쟁 상태를 이상적으로 생각하지만, 슘페터 학파와 오스트리아학파는 바람직하지 않은 상태라고 비난한다. 혁신이 일어날 수 없는 경제적 정체 상태라는 것이다. (일시적) 독점 이윤이야 말로 기업이 혁신을 꾀하도록 동기를 부여하는 요인인데, 독점을 단속하고 심지어 독점을 없애는 정책은 혁신을 줄여 기술의 정체를 가져온다는 논리이다. 이들은 슘페터가 '창조적 파괴의 바람(gales of creative destruction)'이라고 부른 움직임 앞에서는 어떤 독점도 장기적으로 안전하지 않다로 주장한다. GM, IBM, 제록스, 코닥, 마이크로소프트, 소니, 블렉베리, 노키아를 비롯한 수많은 기업이 시장에서 거의 독점에 가까운 지위를 누렸도 천하무적이라 여겨졌지만, 이제는 모두 그 지위를 잃었고 코닥의 경우에는 역사의 뒤안길로 사라져 버리기까지 하지 않았는가.

〈출처 : 장하준 (2014)[36], 374~375〉

새로운 기술의 개발과 응용은 장기적 계획을 필요로 하는데 이것은 단기적 어려움을 극복할 수 있다는 상당한 확신 없이는 실행할 수 없는 일이다. 따라서 필요한 것이 대기업과 이에 따른 경쟁제한적 관행이다. 이것들은 일시적 어려움에 대한 안전판 역할을 하고 있기 때문이다. 이런 행태는 흔히 매도의 대상이지만 기업가가 과감하게 투자할 수 있는 일종의 보험이라는 것이 슘페터의 주장이다.

그렇다면 '이런 경쟁제한적 행위의 부정적인 효과는?'하고 의문을 제기할 수도 있을 것이다. 그러나 슘페터에 따르면 독점가가 이 같은 경쟁제한적 관행의 보호벽 뒤에서 안주하게 되지 않을까 걱정할 필요는 없다. 왜냐하면 '창조적 파괴의 영속적인 강풍 (the perennial gale of creative destruction)'은 아주 굳건히 자리 잡은 기업가에게조차 계속적인 위협을 가하고 있기 때문이다.

〈출처 : 이영조(2016)[37], 5〉

위 연구사례에서 알 수 있듯이 시장실패의 요인 중 하나인 독점이 반드시 혁신을 저해하는 것만은 아니다. 그러므로 정부는 독점 폐해가 일어날 것으로 명확히 예측되거나 발생된 경우에 한하여 경쟁 체제의 도입, 공기업의 설립, 가격 규제 등의 직접적인 개입을 시도하여야 하며, 독점의 단어에 휘둘리기보다는 독점의 양면을 동시에 분석하는 신중한 접근이 필요하다.

#5 정부는 왜 중소기업 지원에 집중하는가?

이러한 질문에 많은 일반인들은 '중소기업이 대기업 보다 혁신적이기 때문에', '악마의 강과 죽음의 계곡을 넘어 중소기업이 다윈의 바다(사업화 성공)에 안착하게 하려고', '효율적인 투자를 위하여' 등으로 대답한다. 하지만, 최근의 대기업들은 혁신적인 아이디어 창출 또는 신사업 기획 등을 독려하기 위하여 많은 시도들을 하고 있으며 다양한 연구개발을 적극 지원하고 있다. 또한, 중소기업의 사업화 성공을 위해서라는 논리는 정부 개입의 근거가 될 수는 없으며, 오히려 이러한 논리에 따른 개입은 시장경제에서의 부작용을 불러일으킬 뿐이다. 정부 투자의 효율성을 위해서라면 차라리 안정적인 대기업에 지원하는 것이 낫지 않을까? 공평성을 위해서라면 중소기업을 더 지원한다면, 시장 개입 자체가 공평성에 위배되지 않는 것일까? 아래의 연구들을 살펴보고 다시 생각해보자.

삼성반도체와 SK-Hynix반도체가 2015년 1분기에 벌어들인 4조 5,200억원은 상위 4개 장비업체의 한 해 한국에서 얻는 매출 (4,220백만달러)과 비슷한 규모이다. 기타 일본, 유럽 및 미국의 장비와 소재 업체들의 한국 매출을 합산한다면, 결국 두 한국의 대표 반도체 생산기업들이 벌어들이는 이익은 고스란히 외국의 장비 업체와 소재 업체로 넘어간다고 봐도 과언이 아니다. 선두 자리를 지키기 위해서는 어마어마한 투자가 필요한 반도체 생산시설의 특성상 이러한 현상(국부유출)은 장비와 소재의 국산화 이외에는 다른 묘안이 없는 것이다.

〈출처 : 한국산업기술평가관리원 (2015)[38], 6〉

혁신생태계(innovation ecosystem)란 혁신주체들 간의 상호작용을 통하여 지식을 창출하고 확산하는 동태적인 네트워크이다.[39] 이러한 혁신생태계는 수요자와 공급자로 구성되며, 우리나라의 경제를 이끌고 있는 대부분의 대기업들은 시스템 단위의 제품이나 서비스를 생산하고 있어 소비자를 제외한다면 최종 수요자에 위치하며, 대기업에게 소재, 부품, 장비, 등을 공급하는 기업들은 대부분 중소·중견기업이다. 특히 우리나라 "부품·소재 기업 수는 증가 추세이나 수요 대기업에 수직 계열화된 중소기업이 절대다수(전체 대비 98.99%)를 차지하며, 특히 국내 부품소재기업의 경우 99.1%가 중소기업"[40]이다. 또한, 위 사례연구에서 알 수 있듯이 해당 산업의 지속적인 성장을 위해서는 혁신생태계에 속한 수요자뿐만 아니라 공급자의 역할도 매우 중요하다. 그러므로 정부의 중소·중견기업 지원은 단순히 해당 기업의 혁신을 위한 것만이 아니라, 해당 혁신생태계의 혁신주체 간 상호작용을 촉진함으로써 지속적인 혁신을 창출하기 위함이다.

제1장의 참고문헌

1. Laranja, M., Uyarra, E., & Flanagan, K. (2008). Policies for science, technology and innovation: Translating rationales into regional policies in a multi-level setting. Research policy, 37(5), 823-835.
2. Research Policy Journal Homepage. http://www.journals.elsevier.com.ssl.oca.korea.ac.kr/research-policy
3. Martin, B. R. (2012). The evolution of science policy and innovation studies. Research Policy, 41(7), 1219-1239.
4. 이찬구 외. (2018). 한국 과학기술정책 연구(성찰과 도전), 임마누엘.
5. 피터 드러커. (2006). 피터 드러커의 위대한 혁신. INITIAL COMMUNICATIONS Corp.
6. 이가종. (1990). 기술혁신전략. 나남신서.
7. 이공래. (2000). 기술혁신이론 개관. 연구보고, 1-179.
8. 이장재. (2011). 과학기술정책론. 경문사.
9. 존 그리빈. (2004). 사람이 알아야 할 모든 것 - 과학. 들녘.
10. Betz, F. (2010). Managing science: Methodology and organization of research. Springer Science & Business Media.
11. 김혜숙. (1988). 제일철학으로서의 인식론의 가능성. 철학연구, 23, 107-119.
12. 임마누엘 칸트. (2011). 순수이성비판. 박영사.
13. 채사장. (2015). 지적 대화를 위한 넓고 얕은 지식(철학,과학,예술,종교,신비). 한빛비즈.
14. Psillos, S. (2005). Scientific realism: How science tracks truth. Routledge.
15. 박승배. (2017). 근사적 진리에 대한 옹호., 범한철학, 85, 53-74.
16. Weinberg, S. (1994). Dreams of a final theory, Vintage.
17. 장하석. (2015). 장하석의 과학, 철학을 만나다., 지식플러스.
18. 생물학연구정보센터(BRIC)., & 한겨레 사이언스온. (2017). 헌법 내 과학기술, 어떻게 볼 것인가?. SciON Survey Report.
19. 사이언스온 뉴스 기사. (2017), '과학기술이 경제발전 도구일 뿐?' 헌법 조문 개정 목소리. http://scienceon.hani.co.kr/557922
20. 김영준 외. (2017). 기술경영학개론. 도서출판 탐진.
21. 김범준. (2015). 세상물정의 물리학. 동아시아.
22. Merton, R. K. (1942). Note on Science and Democracy. A. J. Legal & Pol. Soc., 1, 115.
23. Funtowicz, S. O., & Ravetz, J. R. (1992). Three types of risk assessment and the emergence of post-normal science.
24. Gibbons, M. (Ed.). (1994). The new production of knowledge: The dynamics of science and research in contemporary societies. Sage.

25. 현재환, & 홍성욱. (2015). STS 관점에서 본 위험 거버넌스 모델. 과학기술학연구, 15(1), 281-325.
26. 정정길, 최종원, 이시원, 정준금, & 정광호. (2003). 정책학원론. 대명출판사.
27. Dror, Y. (1971). Design for policy sciences. Elsevier Publishing Company.
28. 남궁근. (2008). 정책학: 이론과 경험적 연구. 서울: 법문사.
29. Bachrach, P., & Baratz, M. S. (1963). Decisions and nondecisions: An analytical framework. American political science review, 57(3), 632-642.
30. Wilson, W. (1887). The study of administration. Political science quarterly, 2(2), 197-222.
31. 오수길. (2008). 뉴거버넌스. 대영문화사.
32. Lasswell, H. (1951). The policy orientation. Communication Researchers and Policy-Making.
33. Pigou, A. (2017). The economics of welfare. Routledge.
34. Woolthuis, R. K., Lankhuizen, M., & Gilsing, V. (2005). A system failure framework for innovation policy design. Technovation, 25(6), 609-619.
35. 박종민. (2009). 행정학은 과학인가 기술인가?. 한국행정학보, 43(4), 1-18.
36. 장하준. (2014). 장하준의 경제학 강의. 부키.
37. 이영조. (2016). 독점에 대한 통념깨기 ③ : 슘페터의 독점론. 자유경제원 e-지식 시리즈 16-13
38. 한국산업기술평가관리원, (2015). 심층분석보고서: 세계 반도체 장비산업 현황 및 산업발전을 위한 제언.
39. Lee, Y. H., & Kim, Y. (2017). Technology push and demand pull policies in innovation ecosystem: Evidence from national R&D program in Korea. 3rd International Conference on STI and Development. STEPI & WORLD BANK GROUP.
40. 김윤명. (2008). 부품소재기업의 연구개발 성공·실패 사례연구. 과학기술정책연구원.

2

과학기술에 대한 사회학적 분석의 시도

제2장

과학기술학(STS)

근대 과학철학

'과학이란 무엇인가?'라는 물음에 대한 고민과 연구는 과학을 대상으로 하는 철학인 과학철학에 근원을 두고 있는데, 과학철학에 대한 사전적 정의를 찾아보면 아래와 같다.

행정학사전에 따르면 과학철학은 "과학의 기본적 개념·전제·공준(公準)을 명확히 하고, 과학적 방법과 기호 체계의 논리적 구조 등을 체계적으로 연구하는 학문 분야이며, 학문적 영역은 1) 과학의 방법, 과학적 기호의 본질, 그리고 과학적 기호 체계의 논리적 구조에 대한 비판적 연구, 2) 과학의 기본적 개념·전제·공준의 명확화 및 그 이론적·경험적·실용적 근거의 규명, 3) 개별 과학의 한계 및 그들 상호 관계 규명"[d]이라고 정의되고 있다.

사회학사전에 따르면 과학철학은 "과학적 지식의 기초와 본질에 관심을 가지고 있는 철학의 한 분야. 부분적으로, 존재론이나 인식론과 병립하지만, 과학의 세밀한 측면에 대한 보다 구체적인 관심을 포함. 역사적으로 과학철학에 대한 많은 관심이 규범적이었지만(예 : 실증주의, 반증주의), 이러한 접근 방식들이 문제에 직면하자 역사적, 사회적인 과학연구와 과학사회학과 지식사회학에 부분적인 피난처를 찾고 있다."[e]라고 설명되어 있다.

즉, 과학철학을 정확히 정의하는 것은 어렵지만, 과학의 본질과 방법과 관련된 지식 활동 전체에 대한 철학으로서 이해할 수 있다. 과학의 본질은 존재론적 관점에서 발전해 왔고, 과학의 방법에 대해서는 인식론적 관점에서 논의되어 왔다. 존재론(ontology)이란 '~~이 존재하는가?'에 대한 물음으로, 존재론은 '~~이 존재한다.'라는 실재론과 '~~은 존재하지 않는다.'라는 유명론으로 분류된다. 인식론(epistemology)이란 '~~을 어떻게 알 수 있는가?'에 대한 물음으로, 인식론은 ~~을 '이성을 통하여 알 수 있다.'는 합리론과 '경험을 통하여 알 수 있다.'라는 경험론으로 분류된다. 이러한 과학철학은 철학에만 머무는 것이 아니라 실제의 과학 활동에도 많은 영향을 미치게 된다.

---

d) 이종수(2009). 행정학사전. 대영문화사
e) 고영복(2000), 사회학사전, 사회 문화 연구소

그림 8 마이크로/매크로 레벨에서의 과학 활동

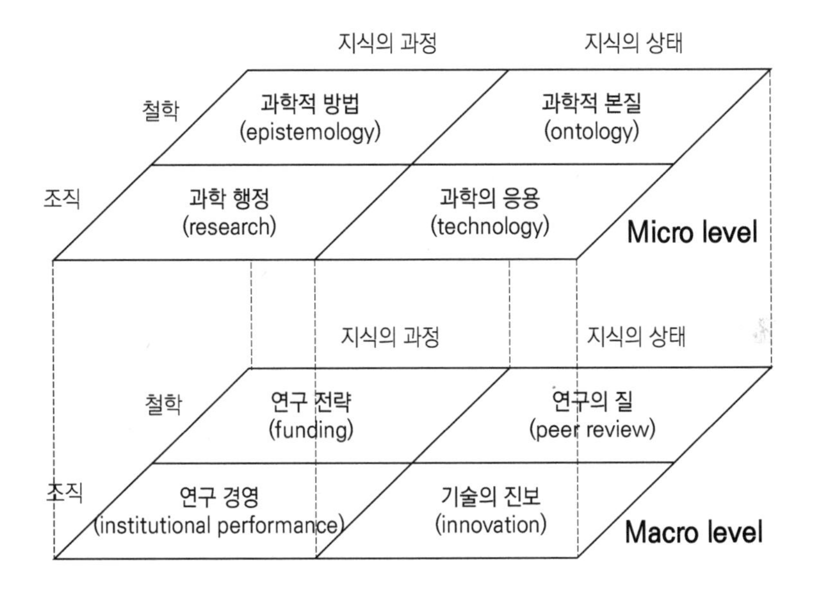

〈출처 : Betz, F. (2010)[1]〉

베츠(Fredrick Betz)[1]는 [그림 8]과 같이 과학 활동을 지식의 상태/지식의 과정, 철학적/조직적 관점에서 4개의 형태로 분류한 후, 이를 마이크로(micro)/매크로(macro) 레벨로 일반화하였다. 철학(과학철학) 관점에서는 어떠한 목적을 가지고 연구를 수행해야 하는지에 대한 고민을 담고 있으며, 조직(과학사회학) 관점은 어떻게 과학을 수행할 것인지를 고민하게 된다. 그에 따르면 과학 정책은 과학 행정, 연구 경영에 중점을 두고 있으며, 기술 정책은 과학의 응용과 기술의 진보(혁신)에 초점을 맞추고 있다.

소크라테스 이전부터 근대 이후까지 시대 전반을 대상으로 연구를 수행하는 과학철학은 16~17세기 과학의 본질, 방법, 실행되는 방식 등에서 급격하고도 커다란 변화를 맞게 되는데, 이를 과학혁명(science revoulution)이라고 한다.

과학혁명은 버터필드(Herbert Butterfield, 1900~1979)가 1946년 발간한 그의 저서 『근대 과학의 탄생(The origins of modern science)』[2]에서 처음 사용한 용어로서, 그는 르네상스나 종교개혁으로 근대를 구분하는 것에 대한 부적절함 지적하고, 근대의 구분을 과학혁명으로 보아야 한다고 주장하였다. 여기서 과학혁명은 1543년 코페르니쿠스의 『천구의 회전에 관하여(De revolutionibus orbium coelestium)』에서 시작되어 1687년 뉴턴의 『자연철학의 수학적 원리』로 종결되는 과정에서 발생한 세계관의 충돌과 가치관의 충돌에 대한 일련의 사건을 말한다.

먼저 과학혁명에서 어떠한 변화와 논쟁을 통하여 세계관이 충돌하게 되었는지 살펴보자. 고대 그리스 시대의 플라톤(Platon, B.C. 427~347)의 주장에 따르면 천체는 영원한 등속 원운동을 하는 완벽하고도 순수한 형상의 세계로서 존재하며, 지구가 그 중심에 위치한다. 이러한 기존의 천동설은 행성의 역행과 밝기 변화를 설명하지 못하였는데, 프톨레마이오스(Klaudios Ptolemaios, 85~165 추정)는 그의 저서 『알마게스트(almagest)』를 통하여 이심점과 주전원의 개념을 도입하여 행성의 역행과 밝기 변화를 설명할 수 있는 천체 모형을 제시하였다. 이러한 프톨레마이오스의 천동설은 기존과는 달리 수리천문학으로서의 가치를 제공하면서, 서양의 카톨릭 중심 사회를 기반으로 약 14세기 동안 확고한 진리로 자리매김하였다.

카톨릭을 기반으로 다져진 천체의 개념을 부정하고 새로운 천체 모형인 지동설을 제시한 이는 아이러니하게도 카톨릭 신부였던 코페르니쿠스(Nicolaus Copernicus, 1473~1543)이다. 1513년부터 성당의 탑에서 천체 관측을 지속해온 그는 '소론'의 형태로 자신의 이론을 일부 언급하여 유포하였고 1543년 사망하였는데, 그의 이론은 제자 레티쿠스(Rheticus, 1514~1576)에 의해 『천구의 회전에 관하여』라는 총 6권의 저서로 그가 사망한 해에 발간되었다.

갈릴레오 갈릴레이(Galileo Galilei, 1564~1642)와 같은 다른 과학철학자들도 지동설에 대한 그의 주장에 동의하였고, 조르다노 브루노(Giordano Bruno, 1548~1600)는 지동설을 주장하다 로마 교황청으로부터 화형을 선고받는 과정에서도 "아마 내게 판결을 내리는 그대들의 두려움이 판결을 받는 나보다 더 클 것이오."[3]라며 그의 주장을 굽히지 않았다. 결국 코페르니쿠스의 『천구의 회전에 관하여』는 1616년 교황청의 금서로 지정되었고, 19세기 초에 이르러서야 금서 지정이 해제되었다. 코페르니쿠스는 케플러, 갈릴레이, 뉴턴 등으로 이어지는 근대 과학의 기초를 제시한 인물이지만, 그의 지동설은 실제의 태양계와는 여전히 거리가 있었으며 관측을 체계적으로 수행하지 않고 얻어진 사고 실험의 형태로 도출되었다.

그림 9 우라니보르그와 사분의

〈출처 : © wikimedia.org〉

브라헤는 정밀한 천문 관측f)을 기반으로 한 천체 모형을 도출하고자, 천문 관측 장비인 사분의를 개량하였고 직경 12미터 크기의 육분의를 제작하였으며, 1576년에는 [그림 9]와 같이 본인의 천문 관측소인 우라니보르그(Uraniborg)를 설립하였다. 우주의 성이란 뜻의 우라니보르그 지하에는 연금술 실험실, 2층에는 작업실, 3층에는 천문 관측실이 위치하였으며, 3,000여권의 책들과 인쇄소, 장비 제작실 등이 구비된 연구소의 모습을 갖추고 있었다. 브라헤는 1587년과 1588년 두 권으로 구성된 『새로운 천문학 입문(Astronomiae Instauratae Progymnasmata)』을 출판하였고, 이 책에서 그는 코페르니쿠스와 프톨레마이오스의 천체 모형을 절충한 천체 모형을 제시하면서, 우주의 중심이 지구가 아니라 태양이라는 주장을 강하게 비판하였다.

f) 측정 오차는 평균 약 2′로, 이는 약 0.033°(degree)에 해당할 만큼 매우 정교했다.

그림 10 케플러의 우주구조

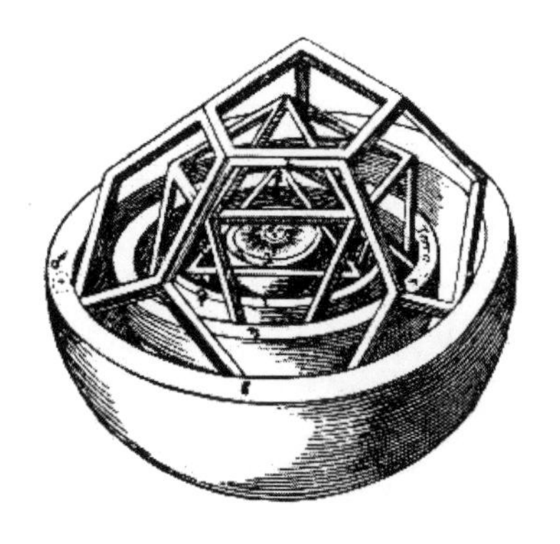

〈출처 : ⓔ wikimedia.org〉

케플러는 태양을 중심으로 한 정다면체 이론의 우주 구조를 주장하였는데, 1596년에 출간된 그의 저서 『우주구조의 신비(The Cosmographic Mystery)』에서는 태양을 중심으로 한 지구궤도는 다른 모든 것의 척도가 되는 구면을 준다고 주장하고 있다. [그림 10]과 같이 지구궤도에 외접하는 정12면체를 그린 후 이 정12면체에 외접하는 구면을 그리면, 이것이 화성의 궤도라는 것이다. 또한, 이 화성궤도에 외접하는 정4면체를 그린 후 그 정4면체에 외접하는 구면을 그리면, 이것이 목성의 궤도라는 것이다.

이후 1599년 케플러는 브라헤의 조수가 되었고, 1601년 브라헤의 후임으로 궁정 천문학자로 임명되었다. 그는 브라헤가 축적한 방대한 자료를 바탕으로 화성 궤도에 대한 연구를 진행하였고, 그 결과 1609년 『신천문학(Astronomia nova)』에서 타원궤도의 법칙(케플러 제1법칙)과 면적속도 일정의 법칙(케플러 제2법칙)을 제시하였다. 또한, 1619년에는 『세계의 조화(Harmonice mundi)』에서 행성 궤도 장축의 3제곱은 주기의 제곱에 비례한다는 케플러 제3법칙을 주장하였다. 하지만, 그의 법칙들은 엄청난 양의 반복적인 수학 계산을 통하여 행성 궤도의 움직임이 특정 법칙을 따라 움직인다는 것을 증명한 것이지, 행성이 왜 그러한 운동을 하는지에 대한 충분한 설명을 제시하지 못하여 많은 인정을 받지는 못하였다.

위에서 살펴보았듯이 브라헤와 케플러 모두 기존의 사고실험 위주에서 벗어나 측정을 기반으로 한 과학이라는 새로운 과학적 방법을 제시하는데 성공하였다. 하지만, 브라헤의 태양중심설과 케플러의 정다면체 형태의 우주구조 사례에서 알 수 있듯이, 정밀한 측정을 바탕으로 한 정량적 연구도 실제 자연현상을 나타내고 설명하는데 한계가 존재한다.

이는 핸슨(Norwood Russell Hanson)[4]과 쿤이 제시한 '관찰의 이론적재성(theory-ladenness)'때문으로, 측정자는 특정 이론과 시각에 입각하여 측정기기를 만들고, 측정 데이터를 취사선택하여 분석하기 때문에 관찰 자체가 이론의 영향을 받는다는 것이다. 게다가 뒤엠-콰인 명제(Duhem-Quine thesis)[5]에 따르면 어떠한 과학적 가설도 그것 자체에 대한 실험만으로는 반증될 수 없기 때문에, 측정의 결과가 기존의 가설과 어긋나더라도 이 가설을 완전히 배제하기는 불가능하여 '과학 이론의 미결정성(underdetermination of scientific theory)'[g] 문제로 이어진다는 것이다.

g) Kyle Stanford(2017). Stanford Encyclopedia of Philosophy. Stanford University

다음으로 과학혁명에서 가치관이 충돌하였던 과정을 살펴보도록 하자. 17세기에 들어서 신 중심의 기존 철학이 인간 중심의 근대철학으로 변모하기 시작하면서, 올바른 방법만 안다면 누구나 진리에 도달할 수 있다는 인식론이 등장하였다. 이러한 '~~을 어떻게 알 수 있는가?'에 대한 인식론의 등장은 이성을 통하여 합리적으로 알 수 있다는 합리론(이성론)과 경험을 통하여 알 수 있다는 경험론 간의 가치관의 충돌로 이어지게 된다.

합리론의 사실 기준은 경험이 아니라 지적이고 연역적인 것에 기인한다. 데카르트는 합리론을 기반으로 끊임없는 의심을 거듭한 결과 시각, 후각, 청각 등의 감각을 통해 얻은 감각지식, 자연과학을 통해 얻은 귀납적 지식인 일반지식, 수학과 기하학 같은 보편지식들은 믿을 수 없는 것이라 생각하였다. 그는 결국 '나는 생각한다. (고로) 나는 존재한다.'라는 의심할 수 없는 제1원리를 도출하였다. 이를 통하여 신의 존재와 물체의 존재를 증명한 후 '모든 물체는 다른 것이 그 상태를 변화시키지 않는 한 똑같은 상태에 남아 있으려고 한다.'는 제1법칙, '운동하는 물체는 직선으로 그 운동을 계속하려 한다.'는 제2법칙을 제시하였다. 또한, 제3법칙에서는 '운동하는 물체가 자신보다 강한 것에 부딪히면 그 운동을 잃지 않고, 약한 것에 부딪혀서 그것을 움직이게 하면 그것에 준만큼의 운동을 잃는다.'라고 제창하였다.

프란시스 베이컨(Francis Bacon, 1561~1626)은 경험론의 선구적인 인물로서 다른 과학철학자와는 다르게 과학자 또는 과학에 대한 후원자가 아닌 법률가 또는 행정가로서 활동하였다. 그는 1620

년 출간한 그의 저서 『노붐 오르가눔(Novum Organum)』에서 기존 과학에서의 우상(편견)을 비판하고 올바른 과학의 방법을 통하여 학문을 개선할 것을 주장하였다. 그가 말한 우상은 총 4가지로서 '종족의 우상'은 인간의 감각이 모든 사물의 척도라는 것은 잘못된 생각이며, '동굴의 우상'은 교육받지 못한 정신에는 한계가 있다는 것이며, '시장의 우상'은 잘못된 언어 사용은 존재하지 않는 것을 실재 존재하는 것으로 착각하게 만들며, '극장의 우상'은 신학, 철학, 전통 등 기존의 권위에 의지하는 태도를 말한다. 그는 확고한 지식을 얻기 위해서는 이러한 우상을 제거하고, 실험과 관찰을 통한 귀납적 추론의 과학적 방법을 추구하여야 한다고 제창하였다.

예를 들어 그는 뜨거운 것에 대한 본질을 알기 위하여 뜨겁지 않은 것과 뜨거운 것의 사례를 관찰하고 정도의 차이를 측정하여 나열한 후, 이를 비교, 대조함으로써 뜨거운 것에 대한 본질을 알 수 있다고 하였다. 그의 관찰을 통하여 과학의 원리와 법칙을 추론하는 귀납적 시도는 과학의 방법에 새로운 발전으로 여겨진다. 하지만, 데이비드 흄(David Hume, 1711~1776)이 제기한 관찰의 한계로 인한 추론의 정당성 부족, 관찰이 불가능한 영역에 대한 추론의 불가능 등으로 인하여 귀납법의 한계도 지적되기 시작하였다.

정리하자면 과학혁명 과정은 [그림 11]과 같이 지속적으로 순환하는 과학 활동을 보여 주었다. 과학혁명 사건은 우주의 중심이 태양이라는 '천동설'과 우주의 중심이 지구라는 '지동설' 간의 상반된 세계관이 충돌하던 시기일 뿐만 아니라, 이성을 통해 진리를 알 수 있다는 '합리론'과 경험을 통해 진리에 도달할 수 있다는 '경험론' 간의 상반된 가치관이 충돌하던 시기였다.

그림 11 과학혁명에서의 대립과 순환

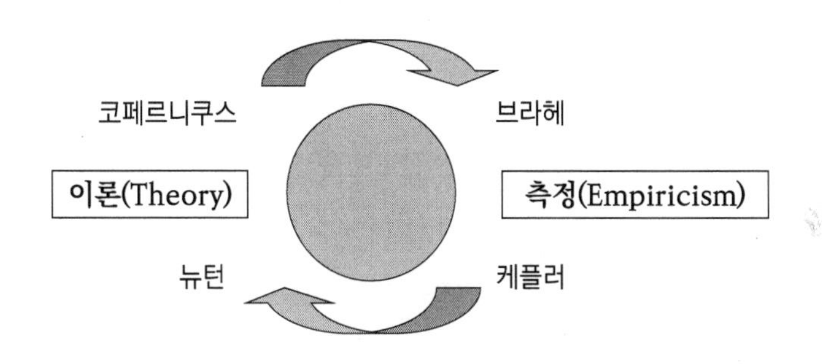

〈출처 : Betz, F. (2010)[1]〉

여기서 특이할만한 점은 합리론으로 보이는 코페르니쿠스도 당시 가능한 최대한의 측정(경험론)을 통하여 천체 모형을 도출하였으며, 반면 경험론으로 보이는 브라헤는 매우 정밀한 측정을 통하여 과학을 수행했음에도 본인이 가지고 있는 시각과 관념에서 벗어나지 못한 사고실험(합리론)으로 결과가 회귀되는 사례를 보여주었다는 것이다. 또한, 측정 결과에 대한 케플러의 수학적 증명은 데카르트의 대수학과 카르테시안 좌표계를 활용한 뉴턴의 법칙이 등장하면서, 비로소 그 설명력을 얻게 되었다. 즉, 과학혁명은 세계관과 가치관의 대립과 순환을 통하여 새로운 과학의 방법과 본질을 알 수 있었던 일련의 사건으로 과학철학자들에게 큰 의미를 던지고 있다.

현대 과학철학

과학혁명을 기점으로 근대로 구분되는 과학철학은 20세기 논리실증주의의 등장과 함께 다시 변혁을 맞이하게 되는데, 일반적으로 이 시기를 현대 과학철학의 시작으로 보고 있다.

1929년에 공식적으로 이름을 얻게 된 논리실증주의는 빈 대학의 슐리크(Schlick, Moritz, 1882~1936)를 중심으로 결성되었으며, "철학은 지적 활동이다. 철학의 임무는 본질적으로 명석화 하는데 있다. 철학의 성과는 일련의 철학적 명제가 아니라 명제의 의미가 명료해진다는 데 있다."[6]라고 하는 비트겐슈타인의 생각에 공감하고, 형이상학, 윤리학 측면에서의 검증 불가능한 것에 대한 논의를 거부하고 검증 가능한 철학과 과학지식만을 추구하였다.

논리실증주의자들은 형이상학과 같은 학문에서의 명제는 무의미하다고 생각하였으며, 수학과 과학을 통한 검증 가능한 명제만을 중요하게 생각하였다. 즉, 본질상(분석적으로) 참(예: 총각은 결혼하지 않은 남자이다.)이거나, 경험적으로 검증 가능한 것(예: 태양은 동쪽에서 뜬다.)을 논의할 때만 유의미하다고 주장하였다. 분석적으로 참인 명제의 경우는 형식적 의미를 가지며 경험보다는 수학과 논리학에서의 단어와 기호가 가지는 함의에 기초하기 때문에 의미를 가진다는 것이며, 경험적으로 검증 가능한 명제는 본질적으로 참은 아니지만 경험적인 검사를 통해 명제를 확인하는 과정을 허용하기 때문에 의미를 가진다는 것이다. 논리실증주의자들은 전자를 분석 명제, 후자를 종합 명제라고 칭하고 이 두 가지만이 의미 있는 명제라고 주장하였으며, 형이상학에서의 명제는 본질적으로 참이라고 할 수 없으며 경험을 통한 검증 또한 허용하지 않기 때문에 의미가 없다고 주장하였다.

하지만, 논리실증주의의 기반이 된 비트겐슈타인의 '말할 수 없는 것에 침묵하라.'는 문장은 오히려 논리실증주의에 대한 비판적 입장으로 돌아왔다. 비트겐슈타인은 논리실증주의에 동의하지 않았으며, 그는 말할 수 없는 것에 대하여 검증이 불가능하여 무의미하다는 것이 아니라 구태여 검증하여 무의미하게 만들지 말라는 뜻이며, "말할 수 없는 것을 더 중요하게 생각한다."[7]라고 말하였다. 콰인(Willard van Orman Quine, 1908~2000)은 1951년 그의 논문 『경험론의 두 가지 독단(Two Dogmas of Empiricism)』을 통하여 논리실증주의를 비판하였다. 그는 종합 명제와 분석 명제의 구분 자체가 검증을 통한 것이 아니라 형이상학적인 주장을 통한 것이기 때문에 검증 원리 자체가 검증 불가능한 것이라고 주장하였다. 또한, 그는 아인슈타인의 이론이 뉴턴의 이론을 대체한 사례와 케플러의 이론이 프톨레마이오스의 이론을 대체한 사례 등을 거론하면서, 어떠한 명제도 수정될 가능성이 있다고 주장하였다.

칼 포퍼(Karl Popper, 1902~1994)는 오스트리아 빈 태생의 영국 과학철학자로서, 어린 시절에는 사회민주당 당원으로 잠시 활동하다가 마르크스주의에 회의를 느끼고 과학방법론에 대한 연구에 빠져들었다. 그는 1934년 『탐구의 논리(Logik der Forschung)』와 그 영문판인 1959년 『과학적 발견의 논리(The Logic of Scientific Discovery)』를 통하여 논리실증주의의 귀납주의를 버리고 과학의 방법은 연역적으로 수행되어야 한다고 주장하였으며, 인간은 완벽하기 않고 오류를 범할 수 있기 때문에 지속적인 반증과 비판을 통하여 과학을 수행한다면 진리에 도달할 수 있다고 제창하였다. 즉, 그는 "어떤 문제에 대한 해결책을 제안하고 그 해결안을 고수하기보다는 다시 최선을 다해 그것을 뒤집어엎기(반증하기) 위해 애써야 한다."[8]는 반증주의(falsificationism)를 통해 과학이 발전한다고 주장하였다. 또한, 검증하려는 가설이 실험이나 관찰을 통하여 반증될 가능성이 있는가를 반증가능성(falsifiability)이라고 정의하고, 이를 과학과 비과학(사이비과학)을 구분하는 기준으로 제시하였다. 이는 그가 당시 마르크스시즘과 나치즘과 같은 전체주의를 경험하면서 과학의 방법이 전체주의로 빠져 지식이 진보하지 못할 것을 우려하였던 것으로 해석된다.

미국의 무기 관련 연구소 근무 후, 1949년 하버드 대학에서 물리학 박사 학위를 받은 토마스 쿤(Thomas Kuhn, 1922~1996)은 자연과학개론에 대한 강의 준비 중 과학사에 대한 흥미를 가지게 되면서 그의 연구 방향을 변경하게 된다. 1962년 그가 발간한 『과학혁명의 구조(Structure of Scientific Revolutions)』는 20세기 후반 가장 영향력 있는 책으로서 과학지식사회학, 과학기술사회학 등을 탄생시킨 배경이 되었다.

앞에서 살펴본 과학혁명(scientific revolution)이라는 하나의 역사적 사건과 달리, 그의 저서에서는 다수의 과학사에서 일어난 과학혁명들(scientific revolutions)을 분석함으로써 과학의 방법론에 대한 구조를 [그림 12]와 같이 제시하고 있다.

그림 12 과학혁명의 구조

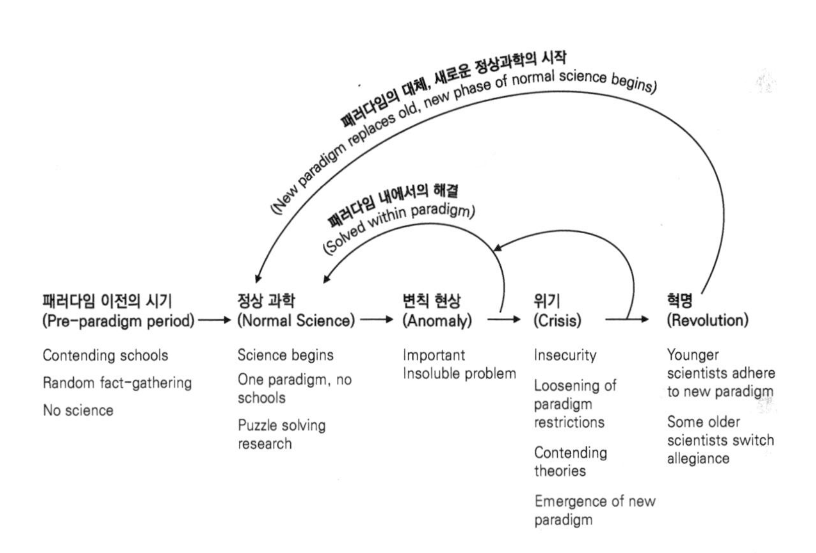

〈출처 : 이영훈. (2016)[9]〉

여기서 패러다임(paradigm)이란 과학자 사회의 구성원들이 공유하는 것이며, 정상과학이란 과학자들이 일정기간 동안 과거의 과학적 성취에 확고히 기반을 두고 진행하는 연구 활동을 말하며, 정상과학 내에서의 문제 해결 과정은 새로운 발견을 얻어내는 것보다는 퍼즐 풀이에 가깝다는 것이다.

정상과학을 수행하는 과정에서는 기존의 이론으로는 설명하기 힘든 변칙 현상들이 발견되더라도, 대부분의 경우는 보조 가설과 같은 애드혹(ad-hoc)을 추가하는 방식 등을 사용함으로써 변칙 현상들을 해당 패러다임 내에서 충분히 설명할 수 있게 된다. 하지만, 이러한 변칙 현상들이 누적되고 애드혹을 통해서도 설명이 불가능한 위기가 진행되면 비정상과학의 시기가 등장하게 된다. 이는 "하나의 패러다임을 거부하는 결단은 언제나 그와 동시에 다른 것을 수용하는 결단이 되며, 그 결정으로까지 이끌어가는 판단은 패러다임과 자연의 비교 그리고 패러다임끼리의 비교라는 두 가지를 포함"[10]하기 때문이다. 이러한 비정상과학 과정에서 창출된 이론이 성숙된 이론으로 자리 잡으면 패러다임이 교체되고, 새로운 정상과학이 시작되는 과정을 겪게 된다는 것이다.

그는 서로 다른 이론 또는 패러다임을 지지하는 사람들 사이에는 소통에 한계가 있다고 지적하였는데, 이를 공약불가능성(incommensurability)으로 칭하고 있다. 상이한 패러다임 속에서는 문제의 대상과 풀이에 대한 표준, 용어에 대한 개념이 서로 다르기 때문이며, 동일 대상을 관찰하더라도 다르게 해석하는 행태를 보여준다고 설명하고 있다. 그러므로 그는 기존의 패러다임이 새로운 패러다임으로 전환되는 과정은 칼 포퍼가 제창한 반증주의와 같은 합리적인 논리와 실험으로 이루어지기보다는, 정치적 혁명에 가까운 형태를 띠고 있다고 주장하고 있다.

이에 대해 막스플랑크(Max Plank, 1858~1947)는 "새로운 과학적 진리는 그 반대자들을 납득시키고 그들을 이해시킴으로써 승리를 거두기보다는, 오히려 그 반대자들이 결국에 가서 죽고 그것에 익숙한 새로운 세대가 성장하기 때문에 승리하게 되는 것이다."[10]라고 강한 어조로 토마스 쿤의 과학혁명의 구조에 동의하고 있다.

토마스 쿤은 1970년 그의 저서 『발견의 논리인가? 탐구의 심리학인가?(Logic of discovery or psychology of research?)』[11]를 통하여 과학적 지식을 획득하는 동적인 과정에 관심을 가지고 있다는 점, 과학의 점진적인 진보보다는 혁명적인 진보를 강조한 점, 그리고 과학자들은 관찰된 사실을 설명하고 이를 통해 이론을 창안한다는 점에서 그와 칼 포퍼 간의 견해가 일치한다고 하였다.

한편, 그는 칼 포퍼의 견해에 대한 비판을 제시하였는데, 칼 포퍼가 제시한 과학의 성장은 점진적 증대보다는 기존의 이론을 전복하고 새로운 이론으로 대체되는 것이지만, 실제 이러한 사례는 과학의 발전사에서 극히 드물다는 것이다. 그는 보통의 과학 활동은 칼 포퍼가 말하는 비통상적인 과학이 아니라 지속적으로 발견할 수 있는 정상적인 과학 활동이며, 이러한 활동을 주의 깊게 관찰하여야 과학과 비과학을 구분하는 것을 발견할 수 있다고 설명하고 있다.

그는 매번 반증을 통해 경쟁적 이론 중 하나를 선택하는 것은 과학이 아니라 철학 활동에 가까운 것이며, 반증주의에 따르면 점성술도 과학에서 제외하기 힘들다고 주장하였다. 즉, 점성술은 지속적으로 성공과 실패를 반복해 왔고 반증을 통해 예언이 실패로 나타나더라도 새로운 예언을 제시할 수 있기 때문에, 점성술도 반증가능성을 가진 과학으로 분류될 수 있다는 것이다. 그러므로 점성술이 비과학으로 분류되는 이유는 반증주의가 아니라, 점성술사의 경우 적용할 규칙은 있지만 해결해야 할 퍼즐이 없기 때문으로, 즉 시행할 정상과학이 존재하지 않는 것이라고 설명하고 있다. 반면 천문학에서는 예측이 실패하더라도 기존의 측정 자료와 예측 방법 및 결과를 재검토하고 새로운 측정을 수행하는 데, 이러한 과정이 정상과학에서의 퍼즐풀이에 해당하므로 천문학은 과학으로 분류될 수 있다고 주장하였다. 즉, 과학과 비과학의 구분을 반증에만 두는 것은 과학자들이 대부분 수행하는 실제의 과학 활동을 간과하는 것이라고 칼 포퍼의 반증주의를 비판하였다.

또한, 그는 이론과 불일치되는 현상이 발견되더라도 애드혹을 추가함으로써 동일한 이론을 유지시킬 수 있으며 이러한 과정을 통해 과학이 더 성장할 수 있다고 주장하면서, 이론과 불일치되는 현상이 기존의 이론을 완전히 위협하는 결정적 반증 사례만은 아니라고 비판하였다. 현실에서는 반증주의와 같은 엄격한 요구를 만족시킬 수 있는 과학 이론은 존재하지 않으며, 지속적인 반증가능성이 존재하는 한 과학적 지식의 일반화를 통한 지식의 전수가 불가능하다는 것이다.

한편, 존 왓킨스는 1970년 그의 저서 『정상과학에 대한 반론(Against normal science』[12]을 통하여 토마스 쿤의 개념을 비판하였다. 그는 과학혁명의 구조에서 혁명과 같은 급진적인 패러다임 전환은 돌연히 도출된 새로운 이론의 발생이 전재되어야 하며, 그 이론이 기존의 패러다임을 붕괴할 만큼 강력하고 명확하여야 하지만,

실제 새로운 패러다임의 도출은 과거의 과학에 대한 과정을 추적하고 고민함으로써 얻어지는 것이라고 주장하였다. 또한, 그에 따르면 토마스 쿤이 제시한 패러다임 간의 공약불가능성이 양립불가능성을 뜻하는 것은 아니므로, 서로 다른 패러다임이 평화스럽게 공존할 수 있으며 반드시 패러다임 전환이 급박해야 되는 것은 아닌 것으로 해석될 수 있다는 것이다.

역사학자인 퍼스 윌리엄스는 1970년 그의 저서 『정상과학과 과학혁명, 그리고 과학사(Normal science, scientific revolutions and the history of science)』[13]에서 토마스 쿤과 칼 포퍼의 논쟁을 논평하면서, 두 이론 모두 가지고 있는 중요한 결함을 지적하였다. 그가 제시한 결함이란 '과학이 하는 일이 무엇인지를 우리는 어떻게 알 수 있는가?'이며, 이 물음에 답하는 데 사회학적 접근과 역사학적 접근 방법이 존재한다고 주장하였다. 사회학적 접근은 과학자 공동체도 다른 공동체와 동일하게 취급되어야 하므로 사회학적 분석이 필요하다는 견해이지만 사회학을 통해 접근하는 방법은 가시밭길을 가는 것이며, 역사학적 분석을 위해서는 충분한 사례가 부족하다고 주장하였다. 또한, 그는 두 이론 모두 "과학자들이 하는 것(쿤의 경우 과학자들이 과학을 이런 방식으로 한다는 아무런 확고한 증거도 없이)에, 혹은 그들이 해야 하는 것(포퍼의 경우 이것이 옳다고 우리들을 설득시킬 사례도 거의 없이)"[14]을 주장하고 있을 뿐이라고 논평하였다.

과학기술학과 기술사회학

지금도 여전히 많은 일반인들은 '과학은 사회와 다른 성격을 가지고 있는 특수한 영역'으로 간주하고 있으며, 과학과 기술에 대한 사회학적 분석이 필요하다고 느끼지 못하고 있다. 이는 과학이 자연현상에 대한 발견이며, 과학을 활용하여 가치를 발생시키는 도구로서만 기술을 바라보기 때문이다.

학문적으로도 과학과 기술은 20세기 말까지 사회적 분석 대상으로 여겨지지 않았다. 지식사회학을 확립한 사회학자 칼 만하임(Karl Mannheim, 1893~1947)은 지식과 사회적 요인 간의 관계를 분석하였는데, 그는 사회적 맥락 속에서 발생되는 다른 형태의 지식과 과학지식은 다르다고 설명하면서 과학지식을 제외한 지식만을 사회학적 분석 대상으로 규정하였다. 그에 따르면 과학적 방법론은 보편적, 합리적, 객관적인 성격을 가지고 있으며, 이러한 과학적 방법론을 활용하여 과학지식의 내용에 대한 참과 거짓을 명확히 판별할 수 있기 때문에 과학지식에는 사회적 요인이 존재하지 않는다는 것이다. 과학철학자들도 과학지식의 발전은 논리실증주의 또는 반증주의와 같은 합리적이고도 이성적인 과학적 방법론을 통하여 이루어진다고 믿었기 때문에 과학지식에 대한 사회학적 분석은 제외되었으며, 과학적 방법을 잘못 적용하였을 때 나타나는 예외적인 실패사례에서만 사회적 영향이 존재한다고 간주하였다[15].

이러한 과학지식에 대한 사회학적 분석을 최초로 시도한 인물은 과학사회학을 확립한 로버트 머튼(Robert. K. Merton, 1910~2003)이다. 그는 1942년 그의 논문 『과학과 민주주의에 대한 소고(Note on Science and Democracy)』[16]를 통하여 과학자 사회가 가지고 있는 규범 규조에 대하여 에토스(ethos)라고 정의하고, 에토스를 '과학자를 구속하고 있는 감정적인 색조를 띠고 있는 가치와 규범들의 복합체'로 설명하였다.

그는 과학자 사회가 가지고 있는 공유주의, 보편주의, 탈이해관계, 조직적인 회의주의와 같은 4개의 합리적 규범인 에토스에 의하여 과학지식이 생산된다고 주장하였다. 여기서 공유주의는 과학적 지식은 개인적 소유가 아닌 공유되어야 하는 공동체의 자산이어야 함을 의미하며, 보편주의는 과학적 지식은 인종, 국가, 종교 등의 특정 속성과는 무관하게 평가되어야 한다는 규범이다. 탈이해관계는 과학적 지식의 생산에 있어서 개인적 이익을 고려하지 않는 공평성이 존재해야 한다는 것을 말하며, 조직화된 회의주의는 과학적 지식의 탐구 대상에는 어떠한 성역도 있을 수 없으며 과학적 지식의 탐구는 합리적인 과학적 이론이 도출될 때까지 모든 과학적 주장에 대하여 비판적이고 회의적인 태도를 통하여 새로운 연구 가능성을 추구해야 한다는 규범이다. 이 후 그는 기존의 규범에 창의성을 추가하여 과학자 사회가 가지고 있는 규범을 쿠도스(CUDOS)[h]로 확대하였다.

---

h) CUDOS : 공유주의(Communalism), 보편주의(Universalism), 탈이해관계(Disinterestedness), 창의성(Originality), 조직적인 회의주의(Skepticism)

산업혁명을 거쳐 오면서 자리 잡은 과학에 대한 낙관론은 2차 세계대전 이후인 1960년대 초까지 이어졌는데, 이러한 믿음 하에서는 과학에 대한 관리가 과학자의 자율적인 규범에 맡겨져야 한다는 것이 당연한 것으로 간주되었으며, 이러한 규범은 로버트 머튼이 주장한 쿠도스와 같은 것으로 여겨졌다. 과학에 대한 낙관론은 서구 과학정책의 근간이 되었으며, 미국의 국립과학재단(National Science Foundation, NSF)의 설립 등을 낳는 큰 역할을 하였다.

특히, 2차 세계대전 중 이루어진 맨해튼 프로젝트의 성공은 '국가의 과학에 대한 지원은 과학과 기술의 진보를 낳고 이를 통해 국가가 발전할 수 있다.'는 믿음을 강하게 심어주었다. 독일이 원자폭탄을 개발할 것을 우려한 아인슈타인이 1939년 당시 미국 대통령인 루즈벨트(Franklin Delano Roosevelt)에게 보낸 원자폭탄 개발 촉구 편지가 발단이 된 맨해튼 프로젝트는, 1945년 8월 6일과 9일 일본 히로시마와 나가사키에 원자폭탄을 투하함으로써 2차 세계대전을 종식시키는데 큰 역할을 하였다. 이러한 맨해튼 프로젝트의 성공은 또 하나의 대형 프로젝트인 수소폭탄 개발로 이어졌다.

하지만, 1960년대 후반부터 발생한 여러 사회적 이슈들은 과학에 대한 낙관론을 무너트리기 시작하였다. 산업화 과정에서의 환경오염과 대량 살상무기 등은 과학기술에 대한 강한 비판으로 이어졌으며, 과학기술의 과정은 합리적인 것으로 인식되기보다는 권력과 자본의 도구로 인식되기 시작하였다. 특히 맨해튼 프로젝트의 성공 이면에 존재하는 사회적 윤리와 책임 문제는 과학에 대한 낙관론을 무너트리는데 큰 영향을 주었다.

그림 13 맨해튼 프로젝트의 참여자들

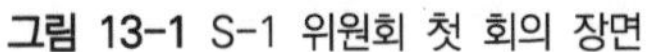

그림 13-1 S-1 위원회 첫 회의 장면 **그림 13-2** Y-12 설비의 오퍼레이터들

〈출처 : wikimedia.org〉

맨해튼 프로젝트를 이끈 S-1 위원회의 첫 회의는 1941년 12월 UC 버클리(University of California, Berkeley)에서 과학지식 발전에 몰두하였던 대학 중심으로 진행되었는데, [그림 13-1]과 같이 그들은 맨해튼 프로젝트가 사회에 미칠 영향에 대하여 낙관적으로만 접근한 경향이 있다. 하지만, 맨해튼 프로젝트에 참여한 많은 과학자들이 원자폭탄이 개발된 이후에는 대규모 인명 희생을 우려하여, 일본 측 참관 하에 사람이 없는 지역에서 원자탄 폭발을 시연함으로써 항복을 유도하자고 제안했다는 것이 최근 밝혀졌다. 또한, 일각에서는 시연 대신 일본에 원자폭탄을 투하한 것은 대규모 프로젝트 성과의 극적인 효과를 위한 것이라는 비판도 제기되었다.

'원자폭탄의 아버지'로 불릴 만큼 맨해튼 프로젝트의 중심에 서있었던 오펜하이머(Julius Robert Oppenheimer, 1904~1967)는 원자폭탄 투하 후 대통령에게 "각하, 내 손에 피가 묻어 있는 것 같습니다."[17]라며 맨해튼 프로젝트의 성공이 신무기 개발의 단초가 되는 것을 강하게 반대하였는데, 이로 인해 미국에 대한 충성심을 의심받아 그 뿐만 아니라 동생과 제자들까지 실직하게 되었다. 또한, 맨해튼 프로젝트를 위해 설치된 전자기적 동위원소 분리 설비, Y-12에는 [그림 13-2]와 같이 고등학교를 갓 졸업한 많은 여성 오퍼레이터들이 근무하였는데, 이들은 자신들의 업무가 어떤 것인지도 모른채 설비를 운영하였던 것으로 밝혀졌다.

즉, 맨해튼 프로젝트에 참여한 과학자들은 쿠도스를 통해 원자폭탄 개발과정에서 과학지식을 발전시킬 수는 있었겠지만, 개발이 완료된 순간 이에 대한 권한과 영향은 과학자 집단 밖의 사회로 빠져나간 것이다. 또한, 관찰의 이론적재성과 뒤엠-콰인 명제에 따른 과학이론의 미결정성 문제들에 의하여, 과학적 방법도 기존의 관점에서 벗어나지 못하며 과학의 내용도 불충분하게 결정된다는 것이 제시되었으며, 토마스 쿤이 발간한 과학혁명의 구조는 과학에 대한 맹목적인 낙관론에서 벗어난 과학에 대한 상대주의적인 관점을 다양한 분야의 연구자들뿐만 아니라 일반인들에게까지도 퍼트리는데 지대한 공헌을 하였다.

이와 같이 과학지식의 생성 과정이 다른 요인 없이 객관적이고 합리적으로만 형성되는 것이 아니며 과학기술이 미치는 사회에 대한 부작용이 매우 크다는 것을 경험한 뒤, 과학지식과 사회적 요인 간의 관계 연구에 대한 요구가 증대되었지만 기존의 과학사회학은 그 요구에 대응하는데 한계가 존재하였다. 예를 들어 로버트 머튼의 과학사회학은 과학지식과 사회적 활동을 분리하여 '과학자들이 따라야 하는' 규범만을 제시하고 있어, '과학자들이 과연 이러한 규범들을 실제로 잘 따르고 있는가?'라는 문제 제기와 쿠도스는 과학자 스스로 본인들의 과학지식을 정당화하는 도구일 뿐이라는 비판이 제기되었다. 또한, 과학사회학에서는 과학자 사회의 조건과 운영만을 연구대상으로 하였지, 정작 과학의 지식과 사회적 요인 간의 관계에 대한 사회학적 연구는 이루어지지 못했다. 이로 인해 과학사회학은 지식의 생산 방식을 전혀 설명하지 못하는 '암흑상자주의(black boxism)'라고 비판되기도 하였다. 즉, 과학사회학에서는 규범의 준수가 사회적 이해관계의 개입을 차단하여 객관적인 과학지식을 생산할 수 있는 환경을 만들어준다고 주장한 것으로, 결국 과학사회학은 '과학자'의 사회학 또는 지켜야할 규범이지 '과학지식'의 사회학은 아니라는 비판을 겪게 된다.

이에 따라 많은 대학들이 과학지식에 대한 사회적 요인을 연구하기 위하여 1960년대 말부터 1970년대 초까지 과학기술학과 또는 과학기술사회학과 등을 설립하였으며, 이는 과학지식사회학(Sociology of Scentific Knowledge, SSK)의 등장으로 이어지게 된다. 1966년 설립된 에든버러 대학의 과학학(science studies snit)의 데이비드 블루어(David Bloor), 배리 반스(Barry Barnes), 해리 콜린스(Harry Collins), 도날드 맥켄지(Donald A MacKenzie) 등의 과학사회학자들은 기존의 과학사회학을 '오류의 사회학(sociology of error)'이라고 비판하면서 과학지식사회학의 대표격인 '스트롱 프로그램(strong program)'을 추진하였다.

데이비드 블루어[18]는 1976년 그의 저서 『지식과 사회의 상(Knowledge and social imagery)』에서 기존 이론들에 대한 비판과 함께 스트롱 프로그램의 네 가지 원칙을 제시하였다. 그는 경험론의 한계를 지적하면서, 지식은 경험보다는 문화에 가깝다고 주장하였다. 개별 측정을 바탕으로 하는 경험론에서는 측정된 결과에 대한 해석이 따르게 되는데, 이는 개별 과학자보다는 과학자 집단 또는 사회가 가지고 있는 특정 이론과 가설 내에서 해석되기 마련이라는 것이다. 여기서 특정 현상에 대한 측정 결과를 채택할 것인지에 대한 검토는 특정 이론에 지배를 받게 되는데, 이러한 이론적인 지식들은 경험으로 얻어진 것이 아닌 사회적으로 구성된다는 것이다. 그러므로 과학지식은 실제 현상을 측정하면서 얻게 된 개별 과학자들의 지식이라기보다는 측정 결과를 바탕으로 우리가 믿는 힌트와 짧은 경험으로 구성된 하나의 스토리에 가깝다는 것이다. 또한, 그는 보토모어(Thomas Burton Bottomore, 1920~1992)의 논문[19]을 인용하면서 모든 가설이 실재적으로 결정되고 어떠한 가설도 절대적인 진실은 아니라면, 칼 포퍼가 제시한 반증주의도 마찬가지로 실재적으로 결정되어진 것이지 절대적인 진실은 아니지 않는가라고 반증주의를 비판하였다.

데이비드 블루어는 스트롱 프로그램의 네 가지 원칙으로 인과성(causality), 공평성(impartiality), 대칭성(symmetry), 성찰성(reflexivity)을 제시하였는데, 인과성이란 지식의 상태 또는 믿음을 가져온 상황을 설명함에 있어 사회적인 요건 또는 비사회적 요건 등으로부터의 인과성이 존재하여야 한다는 것이다. 공평성은 지식의 참과 거짓, 합리성과 비합리성, 성공과 실패에 대해 공평하게 설명 가능해야 한다는 것이며, 대칭성은 같은 종류의 원인으로 지식의 참과 거짓 등을 설명해야 한다는 것이다. 마지막으로 성찰성이란 과학지식에 대한 설명과 동일한 설명이 과학지식사회학, 스트롱 프로그램에도 적용되어야 한다는 것이다.

스트롱 프로그램을 기반으로 한 에든버러 대학에서는 과학사의 대표적 논쟁을 바탕으로 과학에 대한 사회학적 설명에 매진한 반면, 영국 바스 대학의 해리 콜린스(H. Collins)는 진행 중인 과학에 대한 해석 및 논쟁 과정과 결과에 대한 사회학적 분석 연구에 초점을 맞추고 상대주의의 경험적 프로그램(Empirical Program of Relativism, EPOR)을 제창하였다.

상대주의의 경험적 프로그램은 3단계를 통하여 과학의 논쟁을 분석하는데, 첫 번째 단계는 실험결과에 대한 해석적 유연성을 기록하는 것으로 핵심집단 구성원 간에 존재하는 서로 다른 해석들은 어떠한 것들이 있는지 분석하는 과정이다. 두 번째 단계는 논쟁의 종결 메커니즘을 분석하는 것으로서 실험을 통한 재연과 동의와 같이 핵심집단이 어떻게 합의에 이르는가를 분석하는 것이다. 세 번째 단계는 종결 메커니즘을 보다 넓은 사회적인 맥락과 연결시켜 보여주는 것인데, 이 단계에 대해서는 스트롱 프로그램의 접근 방법을 따르고 있다[20].

특히 그는 1960년대부터 1970년대까지 물리학자들의 논쟁대상이던 중력파 탐지에 대한 사례를 예로 들면서 실험자의 회귀(experimenter's regress)라는 개념을 제시한다. 당시 중력파의 존재는 일반상대성이론을 바탕으로 이론적으로만 입증되어 왔었는데, 1969년 물리학자 조셉 웨버(Joseph Weber)가 검파기를 개발하여 진동을 탐지함으로써 중력파의 존재를 밝혔다고 주장하면서 큰 이슈를 몰고 왔다.

이 후 많은 연구자들이 조셉 웨버의 실험을 재연하게 되는데, 해리 콜린스에 따르면 연구자들은 이 때 실험자의 회기에 빠지게 된다는 것이다. 즉, '자신의 검파기로부터 얻게 된 데이터가 과연 중력파인지' 아니라면 '중력파가 존재하지 않는 것인지'에 대한 고민에 빠지게 될 뿐만 아니라, '중력파는 존재하지만 실험 기기에 문제가 있어 탐지하지 못하고 있는 것이므로 실험 기기의 정밀도를 높이는 연구에 더 매진하여야 하는 것인지' 등의 고민에 빠진다는 것이다. 이는 중력파가 기존까지 관측되지 않아 어떠한 신호가 중력파인지 조차 알 수 없는 상황에서 검파기의 적정 성능과 작동 여부 또한 시험을 통해서만 알 수 있기 때문에, 새로운 과학적 발견을 증명하려는 실험자는 원칙적으로 무한한 회귀에 빠져들게 된다는 것이다.

1975년에 이르러서야 조셉 웨버의 실험이 틀린 것으로 논쟁이 종결되었는데, 해리 콜린스는 이러한 과학지식 논쟁의 종결이 어떻게 이루어지는지를 주의 깊게 분석하였다. 당시 어떠한 연구자도 조셉 웨버와 동일한 검파기를 만들지 않았음에도 동일한 실험을 통하여 조셉 웨버의 실험이 틀린 것으로 논쟁이 종결되었는데, 이는 연구자들 사이에 중력파에 대한 실험은 어떠한 기준과 방식으로 수행하여야 하는지에 대한 특정 기준이 공유되고 있다는 것을 의미한다는 것이다.

또한, 그는 중력파 측정 연구를 수행한 연구자들을 대상으로 인터뷰를 진행한 결과, 논쟁의 종결은 실험이나 논리적 추론과 같은 과학적 요인 외에 사회적인 요인의 영향을 받는 것으로 분석되었다는 것이다. 더 나아가 그는 "과학지식의 생산은 '이미 주어진' 자연 세계의 본질을 실험에 의하여 발견하는 과정이 아니라, 자연 세계에 대한 특정한 해석을 '수사력(rhetorical power)'과 '동맹 관계의 형성(allicance formation)'을 통하여 그럴듯하게 혹은 그럴듯하지 않도록 만드는 것"[21]이라고 주장하였다.

한편, 라투르(Bruno Latour)와 울가(Steve Woolgar)는 미국 캘리포니아 주 솔크연구소 사례연구, 크노르-세티나(Knorr-Cetina)의 버클리 대학교의 단백질 실험실에 대한 연구 등의 현장인 실험실 활동을 분석하고, 1979년 『실험실 생활: 과학적 사실의 사회적 구성(Laboratory life: the social construction of scientific facts)』을 출간하였다. 그들에 따르면 실험실 내의 과학 활동과 측정 데이터는 무질서한 형태를 띠지만, 과학에서의 문제 설정에서부터 해결까지 모든 단계는 과학자들 사이의 협상을 통하여 이루어지는 것이며, 이러한 과학자들 사이의 협상과 담론 형성을 통해 자연세계의 발견에 질서가 부여되고 과학지식이 발명된다는 것이다.

앞에서 살펴보았듯이 1960년대 말 이후 과학기술학이 '과학은 자연으로부터 주어지는 것이 아니라 사회적으로 구성 된다.'는 사회구성주의 관점으로 전환되어온 것처럼, 기술과 사회의 관계에 대한 연구인 기술사회학도 기술과 사회 간의 관계에 대한 인식 변화와 논쟁을 통하여 변화해왔다.

그림 14 등자를 착용한 기마병과 미착용한 기마병 간의 전투

〈출처 : Bruce Graham(2017)[22]〉

린 화이트 주니어(Lynn Townsend White Jr., 1907~1987)는 1962년 그의 저서 『중세 기술과 사회 변화(Medieval Technology and Social Change)』[23]를 통하여, 기술이 사회를 특정한 방향으로 변동시키는 주된 요인이라고 설명하고 있다. 그는 등자의 도입이

중세시대의 봉건제를 가져온 주요 요인이라고 주장하였는데, 이는 당시 등자의 발명이 각 영주들의 기마병 양성을 가능하게 하였고, 기마병을 활용한 프랑크 왕국의 전쟁 승리는 다시 영주들에게 보상으로 돌아오게 됨에 따라 봉건주의가 발전하게 되었다는 것이다. 등자 사례 외에도 인쇄술 혁명이 르네상스, 종교개혁, 과학혁명을 일으켰다는 강한 기술결정론에 동조하는 학자들도 있으며, 기술뿐만 아니라 계급, 경제, 사회, 법률 등의 요인이 동시에 작동하여 사회의 변화를 일으킨다는 약한 기술결정론도 제시되었다.

하지만, 비슷한 시기에 등자를 사용했던 앵글로 색슨 족 중 프랑크 족만이 봉건제가 확립되었으며, 동양에서의 인쇄술 등장은 서양과 같은 혁명으로 이어지지 않았기 때문에, 기술만이 사회를 변화시키는 요인은 아니라는 비판이 등장하였다. 당시 기술결정론은 로버트 머튼의 과학사회학과 같이 기술의 내용과 발전은 과학으로부터 얻어지는 암흑상자주의로 다루어졌다. 이후 과학지식사회학에 영향을 받은 기술사회학은 기술의 결정 메커니즘과 기술의 결과가 사회적 요인과 관계를 가진다는 방향으로 변화하였다. 다시 말해 기존의 기술결정론에서는 기술은 예측이 불가능한 독자적인 지식이므로 기술의 결정과정은 독자적이며 기술의 결과가 인간과 사회에 영향을 미친다는 단방향의 기술궤적을 가지고 있던 반면, 최근의 기술사회학에서는 기술이 사회를 만드는 것과 동시에 사회가 기술을 만들어 나간다고 주장한다.

기술사회학의 대표적인 이론으로는 기술의 사회적 형성론(Social Shaping of Sechnology, SST), 기술의 사회적 구성론(Social Construction Of Oechnology, SCOT), 행위자-연결망 이론(Actor-Network Theory, ANT) 등이 있다.

윌리암스(Robin A. Williams)와 데이비드 엣지(David Edge)가 제창한 기술의 사회적 형성론(SST)[24]에서는 과학과 달리 기술은 실제 사회의 문제를 해결하기 위한 결과물이므로 과학기술학에서의 개념을 기술사회학으로 가져올 수 없다고 주장한다. 또한, 기술의 선택, 기술 변화의 방향과 속도 등은 기술의 우월성이 아닌 계급, 경제력, 성, 소비자 등과 같은 거시적 사회집단의 구조와 이해관계에 의해 형성된다는 것이다. 또한, 기술을 통한 인간의 통제와 정치적, 경제적, 이데올로기적인 요소가 기술에 포함되어 있다고 주장하였다.

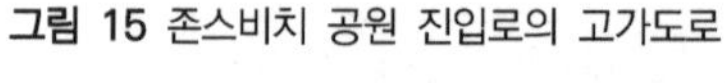
그림 15 존스비치 공원 진입로의 고가도로

〈출처 : Francesco Garutti(2015)[25]〉

기술의 사회적 형성론(SST)에서 말하고 있는 정치적 수단으로서의 기술 사례로는 미국의 랭던 위너(Langdon Winner)가 설계한 [그림 15]의 존스비치 공원 진입로의 고가도로가 있다. 그는 공원의 진입로에 위치한 고가도로를 흑인들이 주로 이용하는 버스가 지나갈 수 없는 높이로 설계함으로써, 백인들만 공원을 사용할 수 있게 기술을 정치적인 수단으로 사용하였다.

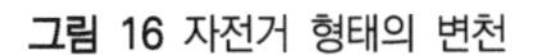

그림 16 자전거 형태의 변천

〈출처 : wikimedia.org〉

핀치(Trevor Pinch)와 바이커(Wiebe Bijker)가 제창한 기술의 사회적 구성론(SCOT)[26]은 상대주의의 경험적 프로그램(EPOR)을 기반으로 하여 기술이 어떠한 사회적인 단계를 통하여 구성되는지를 밝히고자 노력하였다. 그들은 [그림 16]과 같이 앞바퀴가 크고 뒷바퀴는 작은 초창기의 페니파딩(Penny Farthing) 자전거가 현재의 자전거 형태로 변화한 과정을 사례로 들었다. 남성의 전유물로 여겨졌던 자전거는 스포츠를 위한 형태로 초기 개발되었는데, 이후 많은 여성들이 자전거를 교통수단으로 사용하게 됨에 따라 여성들의 치마를 고려하여 현재와 같은 모습의 형태로 자전거가 변화해왔다는 것이다. 즉, 기술의 발전 방향은 기술적인 요인만을 바탕으로 단선적으로 이루어지는 것이 아니라, 사회집단 간의 이해관계와 협상 결과에 따라 이루어진다는 것이라고 주장하였다.

과학지식사회학을 연구하던 라투어는 민속지적 접근을 통하여 구체적인 과학지식의 생성과정을 자세히 제시해 주었으나, 실험실 내부의 지식 생성과정만을 보여준다는 한계가 봉착하게 된다. 이 후 라투어는 미셸 칼롱(Michel Callon), 존 로(John Law)와 더불어 행위자-연결망 이론(ANT)를 제시하고, 과학지식의 참과 기술의 성공은 특정 요인으로 설명되는 것이 아니라 인간과 비인간 등의 행위자 간의 연결망 구축과 성공으로부터 이루어지며, 이를 통해 사회가 변화한다고 주장하였다. 이들은 과학과 기술의 구분을 거부하는 '기술과학(technoscience)'을 제창하고, 기술과학에서의 지식들은 사회 밖으로 확장된다고 주장하였다. 행위자-연결망 이론에서는 이질적인 행위자 간의 연결망을 구축하는 것을 번역(translation)이라고 칭하고, 번역의 과정을 4단계로 제시하였다. 여기서 번역이란 서로 다른 인간, 비인간 행위자 간의 소통을 통하여 합의된 규칙과 기준을 수립한다는 의미이다. 번역의 첫 번째 단계는 문제화(problematization)로서 각 행위자는 다른 행위자가 자신의 연결망을 반드시 거치도록 해당 상황에 대한 쟁점을 '의무통과 지점(obligatory passage point)'으로 규정하는 것이다. 두 번째 단계는 이해관계 부여(interessement)로서 자신의 프로그램에 의해서 규정된 이해관계를 다른 행위자들에게 부여하여 관심을 이끌어내는 것이다. 세 번째 단계는 등록(enrollment) 과정으로서 이해관계가 부여된 행위자에게 특정 역할을 부여하여 상호 연관되어 있는 전략을 수행하도록 하는 것이며, 마지막 단계인 동원화(mobilization)는 일부의 행위자들이 전체를 대표하는 대변인이 되어 통제를 유지하는 것이다.

과학전쟁에 대한 재해석

'과학기술학과 기술사회학'에서 살펴본 '과학과 기술이 사회적 영향을 받는다'는 과학사회학자 진영과 '과학과 기술은 자연현상에 대한 발견으로 사회적 합의와는 무관하다'는 과학자 진영 간의 대립은 1959년 스노우(Charles Percy Snow)가 발간한 『두 문화와 과학혁명(The Two Cultures and the Scientific Revolution)』[27]까지 거슬러 올라간다. 이후로도 이러한 대립은 지속되었는데, 1990년대 들어서면서 발생한 과학전쟁이라는 사건을 필두로 더욱 첨예하게 격돌하게 된다.

1979년 노벨 물리학상을 수상한 스티븐 와인버그(Steven Weinberg)는 1994년 『최종 이론의 꿈(Dreams of a final theory)』에서 스트롱 프로그램과 같은 사회구성주의를 비판하면서, 과학 발전의 역사를 살펴보면 과학철학은 과학자들에게 아무런 영향도 미치지 못하였다고 주장하였다. 폴 그로스(Paul Gross)와 노만 레빗(Normal Levitt)은 『고등미신(Higher Superstition)』[28]을 통하여, 과학사회학을 '고등미신' 또는 '반과학(anti-science)'라고 강도 높게 비판하였다.

한편, 이러한 과학자 진영의 비판에 반격하기 위하여 과학사회학자 진영에서는 인문학 학술지 '소셜 텍스트(Social Text)'의 특별호인 '과학전쟁'을 편성하였는데, 오히려 이는 과학사회학 진영이 강력하게 공격받게 된 '과학전쟁'이라는 사건의 계기가 되었다.

과학자 진영의 소칼(Alan Sokal)은 과학사회학을 비판하고자, 뉴에이지 운동 등의 개념과 양자 이론 간의 관계, 현대 수학의 비선형성과 포스트모더니즘과의 관계 등 상대편 진영의 흥미를 유발할 수 있는 주제를 다룬 것처럼 보이나 실제로는 내용이 맞지 않는 허위 논문을 소셜텍스트의 특별호에 투고하였다. 결국 투고된 허위 논문은 소셜 텍스트 학술지에 게재되기에 이르렀고, 게재 직후 소칼은 본인이 투고한 논문이 허위임을 밝히면서 논문이 게재되도록 통과시킨 인문학 및 사회과학자들의 과학에 대한 무지함을 강하게 비판하였다. 이러한 소칼의 지적 사기(Fashionable Nonsense)[29] 또는 소칼의 날조(Sokal Hoax)는 사이언스(Science)와 네이처(Nature)와 같은 학술지에서 언급되면서 수많은 논쟁을 낳았다. 이는 과학과 사회학/인문학 간의 간극을 더 크게 만들었으며, 결국 과학사회학 진영의 노턴 와이즈(Norton Wise)와 라투어가 프린스턴 고등연구소의 과학학 교수로 임용되는 과정에서 스티븐 와인버그 등 상대편 진영의 반대로 임용이 무산되는 사건마저 발생하였다.

위의 사례를 살펴보면 지적사기를 통한 소칼의 과학사회학에 대한 비판은 연구윤리 등의 많은 논란거리를 낳았으나, 어느 정도 과학자 진영이 성공을 거둔 것으로 보인다. 하지만, 아래 사례를 더 읽어보고 과학전쟁에 대하여 다시 생각해볼 필요가 있다.

2005년 미국 매사추세츠공대(MIT)의 컴퓨터 사이언스 및 인공지능 연구실에서는 SCIgen이라는 자동 논문생성 프로그램을 개발하였는데, 해당 프로그램으로 생성된 허위 논문은 IEEE(Institute of Electrical and Electronics Engineers)를 포함한 120개가 넘는 학술단체의 학술지에 게재되었다[30]. 이러한 허위 논문의 학술지 게재는 단순히 재미 또는 해프닝으로 끝나지 않고 연구자들 스스로의 학문의 질에 대한 통제, 즉 피어 리뷰(peer review)의 문제를 지적하는 역할을 하고 있다.

두 가지 사례를 각각 단편적으로 살펴보면, 소칼의 날조는 과학사회학자 진영에 대한 과학자 진영의 승리로, SCIgen 사건은 피어 리뷰 제도에 대한 비판으로 해석된다. 하지만, 두 가지 사건을 종합하여 판단해 보면, 흥미롭게도 과학사회학을 비판하기 위해 시도한 지적 사기는 오히려 '과학지식은 사회적으로 합의되는 점'을 보여주는 극명한 사례로 해석될 수 있다. 사회학뿐만 아니라 과학, 공학 학술지에도 수많은 허위 논문 게재에 성공한 SCIgen 사건에서 알 수 있듯이, 쿠도스와 같은 과학자 집단 내부의 규범을 통해 과학은 스스로 발전할 수 있으며 과학에 대한 사회학적 분석은 무의미하다는 과학자 진영의 주장은 실패로 돌아갔다. 그들이 자랑하는 피어 리뷰 제도와 같은 과학지식의 질 통제가 현실에서는 잘 동작하지 않는다는 것으로, 투고된 논문이 피어 리뷰를 통하여 학술지에 게재되는 과정이 학문적 탁월성만으로 결정되는 것은 아니라는 것이다. 이러한 사례는 최근 프랑스의 한 교수가 허위 논문을 작성한 후 우리나라의 학술지에 게재한 것을 폭로한 사건에서도 극명하게 알 수 있는데, 해당 학술지의 편집장은 내용이 조금 이상하지만 명성 있는 대학에서 투고하여 논문을 통과시켰다고 회고하고 있다[31].

즉, 소칼이 보여준 단발성의 과학전쟁은 단편적으로는 과학사회학의 무용론을 뒷받침하는 것처럼 보이지만, 최근의 사건들을 종합해 볼 때 오히려 과학지식이 사회적으로 구성된다는 점을 뒷받침하는 사건으로 해석될 수 있다. 과학과 기술에 대한 낙관론 속에서는 과학과 기술은 스스로의 규범을 통하여 올바른 방향으로 발전해 나가기 때문에 사회학적 접근을 배제하여야 한다고 주장하지만, 과학과 기술의 결정 과정은 사회적 요인과 맥락에 의해서 합의되는 과정이며, 과학과 기술의 성과물에 대한 권한과 결과는 과학기술자 집단 밖의 사회로 빠져나가게 된다. 그러므로 경제, 사회, 정치적 이슈가 큰 탈정상과학의 시대에서 과학기술혁신정책을 연구하기 위해서는 과학사회학에 대한 이해가 반드시 필요하다고 하겠다.

생각해보기

#1 맨해튼 프로젝트가 가져온 과학기술의 성공과 한계는 무엇일까?

#2 기술혁신의 패러다임과 공약불가능성이란?

#3 스트롱 프로그램의 한계는 무엇일까?

#4 과학지식사회학(SSK)과 행위자-연결망 이론(ANT) 간의 논쟁은 어떻게 진행되었을까?

#5 행위자-연결망 이론(ANT)의 의의는 어떤 것이 있는가?

#6 연구개발(R&D) 정책의 연결망은 어떻게 구성되어 있는가?

'생각해보기'에는 특별한 정답은 없다. 다만, 앞서 언급하지 않았던 질문에 대해서는 독자들의 생각에 도움이 되고자 몇 가지 연구 사례들을 제시하였다.

#2 기술혁신의 패러다임과 공약불가능성이란?

과학혁명의 구조에서의 패러다임 간 공약불가능성은 경영학에서도 사용[32]되고 있는데 클레이튼 크리스텐슨[33]은 모듈라 혁신(modular innovation)과 아키텍쳐 혁신(architecture innovation)이라는 두 개의 기술 S-곡선을 사례로 들며 서로 다른 기술혁신 패러다임 간에는 공약불가능성이 존재한다고 설명하고 있다.

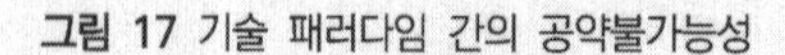

그림 17 기술 패러다임 간의 공약불가능성

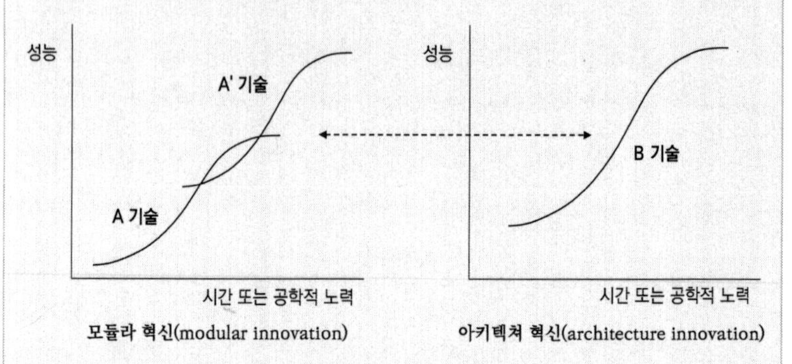

〈출처 : Christensen, C. M. (1992)[33]〉

A 기술을 통하여 시장점유율을 어느 정도 확보한 기업의 경우에는 B 기술의 성능과 시장이 충분히 성숙되지 않았기 때문에 기존의 A 기술에 대한 모듈라 혁신을 통하여 개발한 A′ 기

술로 기존 시장을 확보하려고 노력한다. 하지만, B 기술이 어느 정도 성숙되고 프로세스 혁신을 통하여 경쟁력을 확보함으로써 새로운 시장을 점유하게 되면 A 기술의 시장에도 쉽게 진출하여 대체하는 상황이 도래하는데, 이때가 되서야 A 기술의 기업이 B 기술의 가능성을 인지하게 된다는 것이다. 이러한 기술 대체 과정은 시장에서의 혁신을 배제한 채 기술의 성장 과정에만 초점을 맞추고 있는 기술의 S-곡선만으로 설명되기는 힘들다.

즉, 기존 기업은 새로운 진입자가 나타나더라도 이를 인지하기 힘들고, 진입자가 기존 기업을 위협할 수준에 도달할 때에 이르러서야 이를 인지할 수 있을 만큼 두 진영 간에는 공약불가능성이 존재한다는 것이다. 이에 대하여 찰스 오라일리(Charles O'Reilly)와 터쉬맨(Michael Tushman)은 기존 기업이 양손잡이 조직(ambidextrous organization)[34] 전략을 채택함으로써 공약불가능성을 해결할 수 있다고 제시하고 있다. 하지만, 최근 이슈가 되고 있는 '빅뱅(big-bang) 파괴'[35]는 기존 기업이 생각지도 못한 곳에서 빅뱅 혁신이 발생하고 있으며, 빅뱅 파괴에서의 진입 기업은 기존 기업과 경쟁하기 위한 비즈니스가 아닌 완전히 다른 비즈니스로 고객을 빠르게 공략한다는 것이다. 이로 인하여 기존 기업이 보유한 인프라와 규모 우위를 기반으로 한 양손잡이 조직 전략을 활용하더라도 대응이 불가능한 두 패러다임 간의 공약불가능성이 여전히 존재하고 있다.

#3 스트롱 프로그램의 한계는 무엇일까?

위 질문에 대하여 한상기(2011)[36]의 연구사례를 살펴보도록 하자.

1) 이유와 원인: 이유가 원인일 수는 없는가. 과학자들이 생각하는 것에 대한 그들의 견해가 자신들의 사고나 결정에 영향을 미칠 수 있다는 사실은 때로 왜 그들이 어떤 이론을 선택하고 다른 이론을 거부하는지를 설명한다. 스트롱 프로그램은 합리성 표준을 인정하지 않기 때문에, 그리고 사회적 필요나 이해 같은 똑같은 사회학적 원인이 옳은 믿음으로 가려내는 것과 그른 믿음으로 가려내는 것을 모두 설명한다고 가정하기 때문에 이러한 가능성을 설명할 수 없다. 물론 과학자들은 자신들의 믿음들 사이의 합리적 연관을 간과할 수 있다. 그들은 그 연관 등에 대해 틀릴 수도 있다. 그렇지만 이런 점을 모두 감안하더라도 어떤 과학자의 이유가 결코 그의 믿음에 대한 최선의 설명이 될 수 없다는 결론은 따라 나오지 않는다. 과학자들이 어떤 믿음을 받아들일 때는 사회학적 요인이 작용하는 경우도 있겠지만, 오로지 그것이 옳다고 생각하기 때문에 받아들인다는 것이 원인으로 작용하는 경우가 얼마든지 있을 수 있는 것이다. (중략)...

2) 대칭성 요건의 애매성. (중략)... 스트롱 프로그램은 옳건 그르건, 합리적이건 비합리적이건 모든 과학적 주장을 사회학적으로 설

명한다고 주장한다. 지식자체는 피설명항이기도 하다고 주장하는 것이다. (중략)... 만일 스트롱 프로그램의 목적이 단순히 왜 누군가가 어떤 명제의 옳음을 안다고 주장하는지를 설명하는 것이 아니라 "지식 자체"를 설명하려는 것이라면, 스트롱 프로그램은 그러한 지식 주장의 내용이 왜 옳은지를 설명한다. 그러나 어떤 주장이 옳다는 것을 설명하는 것은 이미 그것을 정당화하는 것이다. 그런데 만일 사회학적 설명이 이런 일을 한다면, 그것은 스트롱 프로그램이 공평성과 대칭성 원리 때문에 금지하고, 규범적 방법론의 문제들 때문에 행할 수 없다고 말하는 것을 하는 꼴이 될 것이다. 따라서 스트롱 프로그램은 지식 주장의 명제적 내용을 대상으로 할 수 없다. (중략)...

무엇보다도 과학자들은 개인이나 집단의 이해 같은 사회학적 요인에 의해 이론을 선택하는 경우도 있지만, 과학자 자신이 옳거나 합리적이라고 생각하기 때문에 선택하는 경우도 얼마든지 있다. 그리고 이 점을 고려하지 않는 일은 과학의 전체모습을 제대로 보지 못하는 일일 것이다. 결과적으로 발견/정당화 구별에 대한 스트롱 프로그램의 비판은 실패로 돌아간다고 결론지을 수 있다.

〈출처 : 한상기 (2011)[36], 253~259〉

#4 과학지식사회학(SSK)과 행위자-연결망 이론(ANT) 간의 논쟁은 어떻게 진행되었을까?

위 질문에 대하여 김환석(2009)[37]의 연구사례를 살펴보도록 하자.

SSK에서는 사회가 과학기술을 설명하는 주된 요인이 되는 반면, ANT에서는 과학기술과 사회 모두 인간과 비인간 행위자들이 연결망을 구축한 결과이므로 하나가 다른 하나를 설명하는 데 사용될 수 없다고 본다. 둘 사이의 갈등은 마침내 1992년 이른바 '인식론적 겁쟁이' 논쟁으로 번졌다. 여기서 SSK를 대표하는 콜린스와 이얼리는 ANT가 과학기술을 설명하는 데 비인간을 끌어들임으로써 결국 자연에 설명력을 부여하는(따라서 자연과학자의 권위를 인정하는) 낡은 관점으로 후퇴하고 있다고 공격하였다. 여기에 맞서 ANT를 대표하는 칼롱과 라투르는 SSK가 자연/사회 이분법을 따르는 낡은 근대주의적 인식론에서 벗어나지 못하고 있다고 반론을 폈다. 이런 인식론에서는 인간에게만 능동적 행위능력(agency)을 부여할 뿐 비인간 사물은 수동적 존재로만 보기 때문에 과학기술을 사회로만 설명하는 환원주의에 빠진다는 것이다. 팽팽한 긴장 속에 전개된 이 논쟁에서 분명한 승자는 가려지지 않았지만, 시간이 지날수록 ANT 입장에 호응하는 사람들이 많아짐으로써 결국 과학기술학의 주도권은 SSK에서 ANT로 이행하게 되었다.

〈출처 : 김환석(2009)[37], 51~52〉

#5 행위자-연결망 이론(ANT)의 의의는 어떤 것이 있는가?

ANT에서는 행위자에 대한 새로운 생각을 제시하였다는데 큰 의의가 있으며, 연결망 즉 네트워크를 잘 기술하는 것이 매우 중요해졌으며, 의무통과지점과 같은 비인간이 일으킨 결과에 대한 예측과 대응이 이슈화되고 있다. OECD는 이러한 과학기술과 사회의 상호작용을 '사회적 과정으로서의 기술(technology as a social process)'이라고 표현하고 있으며 과학기술과 사회의 변화는 각각 서로의 원인이자 결과가 된다고 말하고 있다. 또한, 최근의 정부는 과학을 분리된 영역으로만 치부할 수 없으며 비인간 행위자인 과학의 문제를 정치적 문제 또는 정책 이슈에 포함하고 있다. 아래는 비인간 행위자에 대한 사례이다.

과속방지턱은 자동차의 속도를 줄여 인명 사고를 막기 위해 발명되고 설치되었습니다. 우리 스스로도 경사로나 학교 앞에 설치된 과속방지턱 앞에서 속도를 줄이기 때문에, 과속방지턱이 과속을 막는 효과가 확실하다는 것을 알고 있습니다. 그런데 이런 기능만 있는 것일까요? 과속방지턱은 오토바이 운전자들에게는 상당한 위협입니다. 과속방지턱을 인지하지 못하고 넘었을 때 자동차는 심하게 덜컹거리는 정도지만, 오토바이의 경우에는 전복 사고로까지 이어지는 심각한 문제가 일어날 수 있습니다. (중략)...

그중에서도 가장 큰 문제는 앰뷸런스입니다. 과속방지턱을 넘어가기 위해서는 앰뷸런스도 속도를 줄여야 하며, 이는 조금이라도 빨리 현장이나 병원에 도착해야 하는 앰뷸런스에게 큰 장애가 됩니다. 하나의 과속방지턱을 넘는데 10초의 시간 지연이 발생한다고 합니다. (중략)... 이런 문제를 해결하기 위해서 턱 없이 도로에 색칠만 하는 경우가 늘고 있지만, 이것으로 문제를 충분히 해결하지는 못합니다. 최근에는 차폭이 넓은 앰뷸런스나 소방차는 쉽게 지나가고, 일반 차량은 속도를 줄여야 하는 과속 쿠션이 논의되고 있습니다. (중략)...

인간은 항상 비인간과 붙어서, 쌍을 이뤄서 존재합니다. '인간만의 세상'은 소설 속에서만 존재하는 가상의 세상입니다. 비인간은 인간이 부여한 역할을 하는 것 같지만, 그것과는 다른, 심지어 정반대의 결과를 낳기도 합니다. 따라서 인간-비안간의 관계들이 어떻게 새롭게 만들어지고, 어떻게 변화하면서, 어떤 예상치 못한 결과를 낳는지 예의 주시해야 합니다. 문제를 해결하기 위해서 만든 기술은 하나의 문제를 해결하지만 다른 문제를 낳습니다. 이런 기술이 새로운 네트워크를 만들기 때문입니다. 비인간의 이런 특성은 사회에서든 실험실에서든 마찬가지입니다. 우리가 만든 비인간에 주의를 기울이고 또 애정을 가지고 그 궤적을 살피는 일이 과학기술학(STS)의 역할 중 하나입니다.

〈출처 : 홍성욱 (2016)[38], 43~?〉

#6 연구개발(R&D) 정책의 연결망은 어떻게 구성되어 있는가?

정책은 국민들의 충분한 참여와 왜곡되지 않은 소통을 통한 진정한 토의에 따른 합의를 기초로 하며, 정책의 공식행위자로서는 입법부, 사법부, 행정부, 집행부 등이며 비공식적 행위자는 국민, 이익집단, 사회단체, 대학, 공공연구기관, 언론 등이 있다.

그림 18 R&D 정책의 공식행위자

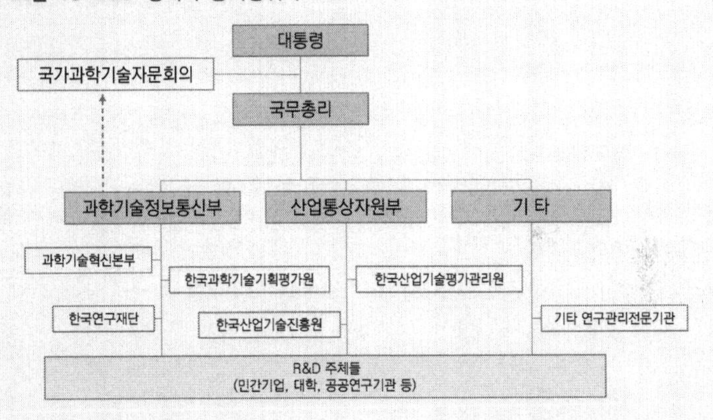

그림 19 부처별 R&D 예산

2016		
부처	정부연구비	비중(%)
총합계	**190.044**	100.00
미래창조과학부	**65,246**	**34.3**
산업통상자원부	**34,184**	**18.0**
방위사업청	25,011	13.2
교육부	17,114	9.0
중소기업청	9,470	5.0

2017		
부처	정부연구비	비중(%)
총합계	**194,615**	100.00
과학기술정보통신부	**67,484**	**34.7**
산업통상자원부	**32,057**	**16.5**
방위사업청	27,838	14.3
교육부	17,481	9.0
중소기업벤처부	11,172	5.7

그림 20 연구수행주체별 R&D 예산

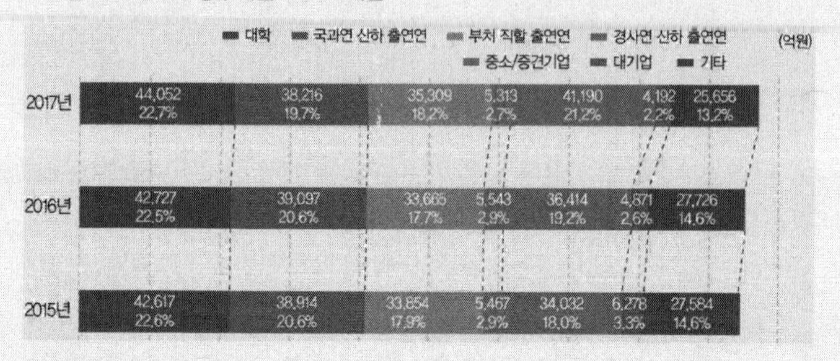

〈출처 : 과학기술정보통신부 보도자료 (2018)[39]〉

정책의제설정, 정책결정, 정책분석, 정책집행, 정책평가 등 R&D 정책의 전 과정에 걸쳐 공식행위자뿐만 아니라 다양한 비공식행위자들이 참여할 수 있는 제도가 마련되어 있기 때문에, 행위자들은 연결망(네트워크)의 구성을 통하여 상호작용을 함으로써 다양한 방법으로 정책에 참여하게 된다. 예를 들어 R&D 사업 또는 과제를 도출하기 위해서는 공식행위자의 의견뿐만 아니라 비공식행위자의 R&D 수요를 바탕으로 정책의제를 설정하고, 이를 결정하는 과정에서도 공식행위자뿐만 아니라 다양한 분야의 권위 있는 비공식행위자가 참여하게 된다. 또한, 이를 그대로 집행하는 것이 아니라 공청회와 같은 제도를 통하여 일반인에게 알려 다양한 의견을 청취한 후 보완하여 정책을 집행하게 된다. R&D 정책의 집행 및 평가 과정에서도 비공식행위자가 참석하여 평가함으로써, 공식행위자와 비공식행위자 간의 상호작용이 일어나도록 하고 있다.

제2장의 참고문헌

1. Betz, F. (2010). Managing science: Methodology and organization of re search. Springer Science & Business Media.
2. Butterfield, H. (1965). The origins of modern science (Vol. 90507). Sim on and Schuster.
3. 마이클 우드., & 피터 퍼타도. (2009). 죽기 전에 꼭 알아야 할 세계 역사 1001 Days . 마로니에북스.
4. Hanson, N. R. (1958). The logic of discovery. The Journal of Philosoph y, 55(25), 1073-1089.
5. Klee, R. (1997). Introduction to the philosophy of science: Cutting nat ure at its seams.
6. 철학사편찬위원회. (2009). 철학사전. 중원문화.
7. 안광복. (2005). 철학, 역사를 만나다. 웅진지식하우스.
8. 강신익 외. (2011). 과학철학 흐름과 쟁점, 그리고 확장. 창비.
9. 이영훈. (2016). 국가 연구개발 네트워크의 상호작용에 관한연구. 박사학위 논문. 고려대학교.
10. 토마스 쿤. (2013). 과학혁명의 구조 출간 50주년 기념. 까치글방.
11. Kuhn, T. S. (1970). Logic of discovery or psychology of research. Crit icism and the Growth of Knowledge, 1-23.
12. Watkins, J. W. (1970). Against 'normal science'. Criticism and the Gro wth of Knowledge, 25-37.
13. Williams, L. P. (1970). Normal science, scientific revolutions and the history of science. Criticism and the Growth of Knowledge, 49-5 0.
14. 토마스 쿤, 칼 포퍼 외. (2002). 현대과학철학 논쟁: 쿤의 패러다임 이론에 대한 옹호와 비판. 아르케.
15. 홍성욱. (2014). 초기 사회구성주의와 과학철학의 관계에 대한 고찰 (1): 패러다임으로서의 쿤. 과학철학, 17(2), 13-43.
16. Merton, R. K. (1942). Note on Science and Democracy, A. J. Legal & Pol. Soc., 1, 115.
17. 카이버드., & 마틴 셔윈. (2010). 아메리칸 프로메테우스. 사이언스북스.
18. David, B. (1976). Knowledge and social imagery. Book reader. URL: h ttp://bookre. org/reader.
19. Bottomore, T. B., & Rubel, M. (1956). Karl Marx Selected Writings in Sociology & Social Philosophy.
20. 김환석. (2009). 두 문화, 과학기술학, 그리고 관계적 존재론. 문화과학, 57, 40 -60.
21. 김경만. (1994). 과학지식사회학이란 무엇인가. 과학사상, (10), 132-154.

22. Bruce Graham. (2017). https://www.quora.com/What-are-some-of-the-most-influential-things-in-the-world-history
23. White, L. T., & White, L. (1962). Medieval technology and social change (Vol. 163). Oxford University Press.
24. Williams, R., & Edge, D. (1996). The social shaping of technology. Research policy, 25(6), 865-899.
25. Francesco Garutti. (2015). Talking About Devious Design. https://www.cca.qc.ca/en/issues/3/technology-sometimes-falls-short/50332/talking-about-devious-design
26. Bijker, W. E., Hughes, T. P., & Pinch, T. J. (Eds.). (1987). The social construction of technological systems: New directions in the sociology and history of technology. MIT press.

27. Snow, C. P. (1959). The Two Cultures and the Scientific Revolution.(Repr.). Cambridge [Eng.]: University Press.
28. Gross, P. R., & Levitt, N. (1997). Higher superstition: The academic left and its quarrels with science. JHU Press.
29. Sokal, A. D., & Bricmont, J. (1998). Intellectual impostures: postmodern philosophers' abuse of science (pp. xiii-xiii). London: profile books.
30. Van Noorden, R. (2014). Publishers withdraw more than 120 gibberish papers. Nature, 24.
31. MBC. (2018). "목소리로 범인을 찾아 드립니다" - 소리박사 배명진의 진실. MBC PD 수첩 1156회.
32. 홍성욱. (2012). [과학혁명의 구조] 50 주년 기념-토마스 쿤과 과학기술사; 기술 패러다임과 기술혁명, 토머스 쿤과 기술사. 한국과학사학회지, 34(3), 563-591.
33. Christensen, C. M. (1992). Exploring the limits of the technology S-curve. Part II: Architectural technologies. Production and Operations Management, 1(4), 358-366.
34 O'Reilly 3rd, C. A., & Tushman, M. L. (2004). The ambidextrous organization. Harvard business review, 82(4), 74.
35. DDownes, Larry and Nunes, Paul, Big Bang Disruption (March 1, 2013). Harvard Business Review, March, 2013, pp. 44-56.

36. 한상기. (2011). 발견/정당화 구별과 사회 구성주의의 스트롱 프로그램. 철학탐구, 30, 240-265.
37. 김환석. (2009). 두 문화, 과학기술학, 그리고 관계적 존재론. 문화과학, 57, 40-60.
38. 홍성욱. (2016). 홍성욱의 STS, 과학을 경청하다. 동아시아.
39. 과학기술정보통신부. (2018). 2017년도 국가R&D 예산 총 19조 3,927억 원 집행. 과학기술정보통신부 보도자료.

3

과학기술에 대한
혁신이론의 발전 과정

제3장

과학기술혁신(STI)

기술정책

혁신의 과정(innovation process)을 선형 모형(linear model)으로 가정하던 시기의 기술정책(technology policy)은 과학정책(science policy)의 하부 개념으로 사용되어 왔으나, 1980년대 새로이 등장한 경제상황과 혁신이론과 더불어 기술정책은 과학정책과 구별되기 시작한다. 1980년대 기술력을 끌어올린 일본이 세계의 첨단산업을 주도하기 시작하면서 '전략적 기술정책(strategic technology policy)'에 대한 중요성이 부각되기 시작하였다, 또한, 기존의 선형 모형이 복잡한 혁신과정을 설명하는데 한계를 드러내면서, 혁신은 기초과학, 응용기술, 상용화 기술의 상호작용뿐만 아니라 시장의 수요, 경쟁 상황, 네트워크 등 다양한 요소들로부터 영향을 받는다는 것이 밝혀지기 시작하였다.

이러한 상황 속에서 정부가 민간과 시장의 기술개발 활동에 직·간접적으로 개입하는 기술정책은 그 중요성이 부각되면서 과학정책과 차별성을 가지게 되었으며, 1990년대 넬슨(Richard R. Nelson)의 국가혁신체제에 관한 연구가 확산되면서 학문적 깊이가 더해졌다. 선형 모형에서의 과학기술정책은 '과학기술의 발전을 통한 기술혁신의 창출'을 목표로 한 과학기술과 직·간접적으로 연관된 정책을 의미한다고 한다면, 혁신체제론에서의 기술혁신은 과학기술활동뿐만 아니라 교육 시스템, 기업지배 구조, 금융 시스템 등 기술혁신활동을 둘러싼 다양한 법과 제도, 사회적 체제에 의해서 결정되는 것을 가정하고, 이러한 체제의 혁신을 목표로 한다. 이에 따라 혁신체제론을 기반으로 한 혁신정책은 더 이상 과거의 기술정책의 수준에 머무르지 않으며, 기술혁신활동을 둘러싼 시장경제체제에 관한 정책들을 포함하는 광범위한 분야를 다루게 되었다.

기술혁신의 선형 모형은 2차 세계대전 직후 미국의 바네바 부시(Vannevar Bush, 1890~1974)가 당시 미국 대통령 루스벨트(Franklin Roosevelt, 19882~1945)에게 보고한 『과학, 그 끝없는 프론티어(science, the endless frontier)』[1]에서 명확히 제시되었다. 제2차 세계대전 과정에서 맨해튼 프로젝트를 통한 원자폭탄 개발과 레이더 개발과 같은 성과를 나타낸 과학기술활동에 대한 낙관론을 바탕으로, 이 보고서는 과학 활동이 경제·사회발전에 도움이 될 것이라는 주장을 제시하고 있다. 또한, 기초연구와 고급인력 양성 지원 프로그램이 필요하다는 것을 강조하면서 과학자사회의 자율성에 입각한 연구수행과 연구비 배분의 필요성을 제시하였으며, 이 보고서의 제안은 실제로 미국의 국립과학재단(NSF) 설립 등을 이끌어 내었다. 이 후 선형 모형은 과학기술학이나 혁신체제론을 주장하는 연구자들로부터 많은 비판을 받았지만, 여전히 많은 일반인, 과학기술자, 정책결정자들의 무의식 속에 남아있다. 이는 특정 산업 분야의 과학기술에 대한 투자를 통해 사회·경제적 문제를 해결할 수 있다는 명쾌하고도 매력적인 개념이기 때문이다.

1980년대 등장한 기술정책 이전에도 경제학에서 기술의 개념을 도입하는 시도가 있었다. 경제학자인 로버트 솔로우(Robert Merton Solow)는 1957년 기술개념을 도입한 성장모형[2]을 제시하였는데, 여기서 그는 총생산을 노동, 자본, 기술변화(technical change)의 함수로 설명하였다. 또한, 그는 이 성장모형을 1909년 ~ 1949년 미국 비농업 분야에 적용한 결과, 기술변화는 평균적으로 중립적인 형태를 보였으며 노동생산성이 두 배로 증가하였음을 확인하였는데, 이 증가율의 87.5%는 기술변화에 의한 것이고 나머지는 자본증가에 의한 것이라고 주장하였다. 그의 성장모형에서의 기술변화는 외생변수로서 기술변화를 도출하기 위한 요인 분석에는 한계가 있지만 경제학에서 기술이란 개념을 도입하게 된 첫 시도였으며, 이는 향후 시장실패와 함께 정부의 시장 개입에 대한 논리를 설명하는데 초석이 되었다.

기술정책은 정의는 1980년 말 이후 스톤만(Paul Stoneman)과 모워리(David C. Mowery)에 의해 정립되었다. 스톤만은 1987년 그의 저서 『기술정책에 대한 경제학적 분석(The economic analysis of technology policy)』에서 "기술혁신과정에 영향을 미치려는 의도를 가지고 정부가 개입하는 정책"[3]등로 기술정책을 정의하였다. 모워리는 1994년 그의 저서 『상호의존 경제에서의 과학기술 정책(Science and Technology Policy in Interdependent Economies)』을 통하여 "기술정책은 기업이 새로운 기술을 개발하거나, 상업화하거나, 도입하려는 의사결정에 영향을 미치려는 의도를 가진 정책들"[4]로 정의하고 의도에 의한 이슈만을 중요시하였는데, 이는 "기업의 결정에 영향을 미치는 정책의 배열은 광범위하며 거시경제학, 규제, 다른 정책들과 관련된 도구들을 포함하지만, 몇 개의 예외사항을 제외하면 이러한 다른 정책들은 혁신 성과에 거의 영향을 미치지 못하거나 설계되지"[4] 않기 때문이라고 설명하였다.

즉, 스톤만과 모워리 모두 기술정책을 혁신성과에 영향을 미치기 위해 정부가 의도적으로 수립한 정책으로 한정하면서 조세, 거시경제학적 정책, 교육과 훈련 등의 다른 정책들은 기술정책의 범위에서 제외하였다. 하지만, 1990년대 이후 많은 국가들이 혁신체제론을 국가의 혁신정책 모형으로 받아들임에 따라 기술정책의 범위를 확대하여 해석하고 있으며, 혁신성과에 영향을 미치는 조세, 특허, 규제, 교육 등과 관련된 정책들을 기술정책 내에서 같이 논의하고 있다.

표 2 국가연구개발사업의 분류

성 격	유 형	개념 및 분류 기준
A. 기초 연구	1. 기초연구	· 자연현상의 원리규명, 새로운 현상의 분석 등을 통해 창조적 지식 획득 연구(순수기초형) · 현재 또는 미래에 광범위한 응용을 목적으로 문제해결의 근본원리 및 창의적 지식창출 연구(목적기초형)
B. 연구 개발	2. 단기산업기술개발	· 단기간 내(3년 이내) 상용화를 목표로 한 신기술 및 신제품 개발을 위한 응용·개발 연구사업
	3. 장기산업기술개발	· 중·장기적(3년 이상) 상용화를 목표로 추진 중인 응용·개발 연구사업
	4. 공공기술개발	· 응용·개발단계 연구개발사업 중 최종적인 성과가 국민 건강증진, 재난방지 등 국민 삶의 질에 기여하는 형태의 사업
	5. 국방기술개발	· 응용·개발단계 연구개발사업 중 국방력 강화 및 방위산업 발전을 목적으로 하는 사업
B, C	6. 지역연구개발	· 지역 대학과 연계한 산학연협력 사업, 지역클러스터 육성사업, 특정 지역에 특정기술 개발 기반구축 사업
C. 연구 기반 조성	7. 인력양성	· 대학 및 전문대학 지원사업, 산업인력양성을 위한 전문인력 양성사업, 초중등 과정의 과학기술교육사업 등
	8. 시설장비구축	· 대형 연구시설 및 장비 구축 사업 (사업 예산에 단순 시설 증축 및 장비 구입 등이 일부 포함된 경우 제외)
	9. 성과확산	· 사업목적이 각각 기술사업화, 표준화, 인증, 성과물 관리/확산, 정책지원 등인 사업
	10. 국제협력	· 해외기관유치, 다자 및 양자 기관 협력 사업 등 (연구방식이 해외와의 공동연구인 경우는 연구개발에 포함)

〈출처 : 미래창조과학부(2013)[3] 재구성〉

국가의 연구개발 지원정책은 정부의 개입의 정도 또는 방식에 따라 직접지원 정책과 간접지원 정책으로 구분할 수 있다. 이 중 직접지원 정책에는 기초연구, 산업기술, 공공기술, 국방기술, 인력양성, 시설장비 구축, 비목적 연구 등을 위하여 정부출연금을 지원하는 국가연구개발사업, 공공의 이익과 혁신 기술 확산을 목표로 수요 부족을 해결하기 위한 공공기술구매(Public Technology Procurement, PTP), 기업의 연구개발 활동에 필요한 자금을 대여하는 연구개발 융자금, 연구개발 자금을 투자하고 성과에 대한 이익을 정부가 배당받는 연구개발 투자금 제도 등이 있다.

연구개발 직접지원 정책 중 가장 적극적인 형태인 국가연구개발사업은 "새로운 지식축적과 기술혁신을 촉진하는데 지원하는 예산"[6]으로서 [표 2]와 같이 구성되며, 국가연구개발사업은 체제실패, 잠재적 시장실패를 보완하기 위하여 정부출연금 지원을 통하여 국가가 직접적으로 개입하는 정책이다.

여기서 체제실패는 체제(시스템)의 적절하지 못한 제도 및 환경으로 인하여 연구개발 네트워크의 상호작용이 원활하지 못하게 되어 혁신을 창출하지 못하는 상황을 말하는데[7], 이러한 상황이 민간과 공공 주체 간 이익 불일치에 기인한다는 점에서 이 또한 잠재적 시장실패의 원인으로 볼 수 있다.

잠재적 시장실패는 민간의 투자 및 활동 저하로 인하여 공공의 이익이 저하되는 것을 말하는데, 잠재적 시장실패의 첫 번째 요인으로는 기술의 불확실성, 시장의 불확실성, 양의 외부성 등이 있다. 기술 및 시장의 불확실성은 독립적이기보다는 복합적으로 발생하게 되는데, 기본적으로 기술의 불확실성은 향후 시장에서 어떠한 기술이 지배적 기술로 자리매김할지 예측하기 힘든 상황에서 발현되며, 시장의 불확실성은 시장 수요의 불확실성, 인구 구성의 변화, 고객의 기호 진화 등으로 인한 외부 요인에 의하여 발생하게 된다. 불확실성이 큰 기술 분야에서는 민간의 연구개발 투자 및 활동이 위축되며, 다른 주체의 선도적 연구개발에 의하여 지식이 확산되는 양의 외부성을 기대하고 연구개발을 미루게 되는 현상이 발생하게 된다. 이러한 불확실성은 최근 기술 간 융·복합, 시스템의 복잡화 추세와 더불어 더욱 커지고 있는 상황이다. 잠재적 시장실패의 두 번째 요인은 민간의 이익과 공공의 이익 간의 격차를 들 수 있는데, 여기에 해당하는 사례로는 사회 수익률 대비 낮은 기업 수익률이 예상되는 기술, 연구개발 성과물의 독점성이 희박한 기술, 기술개발의 위험도 또는 소요비용이 매우 높은 기술 등이 있다.

한편 정부의 개입 근거를 시장실패로만 국한하는 주류경제학에서는 시장에서의 경쟁은 하나의 과정이 아닌 최적화된 평형상태를 뜻하며, 위에서 살펴본 잠재적으로 시장실패를 야기하는 요인들이 발생하더라도 이를 시장의 원리에 맡겨야만 한다고 주장한다.

그러나 본질적으로 주체 간에는 정보의 비대칭성이 존재하기 마련이며, 정보의 비대칭성이 존재하는 상황에서도 서로 다른 주체의 혁신이 평형 상태를 이룬다면, 이는 시장의 경쟁이 최적화된 평형상태가 아니라 혁신이 충분히 일어나지 못하는 시장실패 상황으로 간주될 것이다[8]. 또한, 기술과 시장의 불확실성이 큰 상황에서 연구개발에 대한 적정 수준이라는 것은 존재하지 않으며[9] 체제실패와 시장실패는 상호 배제적으로 발생하지 않기 때문에, 정부는 다양한 정책을 통하여 연구개발에 직·간접적으로 개입하고 있는 것이다.

연구개발 촉진을 위한 국가의 간접지원 정책은 기업의 연구개발 또는 인력개발 투자에 대한 조세지원, 비공식적(informal) 네트워킹 지원, 기술 및 연구자 공공데이터 공유, 소비자들의 신기술 적용 제품 구매에 대한 금융지원, 지적재산권 보호, 기술이전, 기술표준 및 제도, 기술사업화 자문 등이 있으며, 대표적인 사례로는 지적재산권 보호 및 기술이전 촉진을 목표로 하는 『바이-돌 법(Bayh-Dole act)』, 『스티븐슨-와이들러 기술혁신법(Stevenson-Wydler Technology Innovation Act)』 등이 있다.

『바이-돌 법』은 국가의 연구개발 지원을 통하여 발생한 성과물에 대하여 연구개발 수행기관이 기술에 대한 소유권을 보유할 수 있게 하고 있다. 또한, "소유권 귀속에 관한 내용은 대학 또는 소기업이 발명 공개 이후 상당한 기간 내에 발명에 대한 권리 보유 여부를 스스로 결정할 수 있게 하는데, 권리를 포기하거나 보유결정을 내리지 못할 시에는 해당 발명에 대한 권한을 연방정부가 취득할 수 있게 하고 있으며, 발명에 대한 권리를 수행 연구기관이 포기할 경우에 그 권리를 발명자에게 부여하게 하고 있다."[10]

미국의 『바이-돌 법』의 성공은 영국, 덴마크, 프랑스, 독일, 일본, 한국 등 세계 각국의 지식재산권 법안 변경을 초래하였을 뿐만 아니라[11], 대학과 기업 간 협력이 촉진됨에 따라 기존의 지식창출자이던 대학의 역할이 '기업가적 대학(entrepreneurial university)' 또는 '아카데믹 캐피탈리즘(academic capitalism)'[12]으로 대변되는 과학 또는 지식의 사업화 현상으로 이어졌다.

에츠코비츠(Henry Etzkowitz)는 [그림 21]과 같이 대학이 전통적 대학인 홈볼트적 대학, 토지공여 대학, 상아탑의 형태에서 정부로부터의 독립성을 바탕으로 타 주체와 활발한 상호작용을 수행함으로써 사회에서 적극적인 역할을 수행하는 '기업가적 대학'의 형태로 변모하였다고 설명하였다[13].

그림 21 대학의 변화

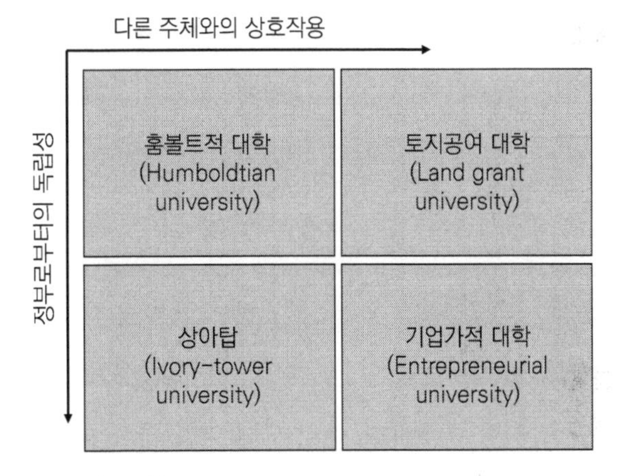

〈출처 : Etzkowitz(2003)〉

그는 기존에 기초연구에 집중하던 대학은 최근 특허출원 또는 스핀오프 등과 같이 새로운 지식 창출 및 확산, 기업과의 협업, 새로운 규범의 창출을 수행하는 기업가적 대학으로 진화하였으며, 이러한 현상은 기초지식을 가치 있는 혁신으로 이끌어 내는 기업가적 과학자(entrepreneurial scientist)의 등장을 촉진시켰다고 주장하였다. 또한, 그는 기업가적 대학의 등장에 따라 생겨나는 새로운 규범은 기존의 기초연구 중심의 대학 연구자들의 규범과 응용연구 중심의 기업 연구자들의 규범이 서로 융합되며 발생되는 현상이며, 이러한 변화를 통하여 연구자 간 상호작용이 촉진된다고 설명하고 있다.

반면 대학의 아카데믹 캐피탈리즘으로 대변되는 대학의 상업화에 대한 비판도 제기되었는데, 대학의 상업화는 공공의 이익을 위한 과학적 지식의 공유가 제한되는 것을 초래할 뿐만 아니라 연구의 도전성과 자율성을 저하시킬 수 있다는 것이다. 예를 들어 아카데믹 캐피탈리즘으로 인하여 선임 연구원은 지속적인 연구개발과 후임 연구원의 인건비 지원을 위하여 외부로부터의 연구개발비 조달을 위하여 노력하는 고용주 또는 관리인의 역할을 수행하게 되고, 후임 연구원은 연구개발에 집중하는 종업원의 역할만을 하게 되는 양극화 현상이 발생하고 있다[14]. 또한, 아카데믹 캐피탈리즘으로 인하여 대학이 양적인 성과에만 초점을 맞춘 단기적 연구에 매진하게 될 우려가 있을 뿐만 아니라 대학의 본래 역할인 인력양성에 있어서 소홀할 수 있다는 비판도 제기되고 있다.

기술발전전략

후발국의 기술진화 과정은 선진국의 기술진화 과정의 역방향으로 이루어지며 기술개발 방식, 제도 및 조직의 구축에 있어서도 선진국과 다른 특징을 가지고 있다. 선진국들의 기술진화는 [그림 22]와 같이 혁신의 비율이 제품혁신에서 공정혁신으로 변화하는 과정을 가지고 있으며, 혁신능력의 축적을 통한 아키텍처 혁신으로 발전하게 된다. 하지만, 충분하지 못한 혁신역량과 조직을 가진 후발국의 경우에는 선진국 혁신을 모방하면서 공정혁신에서 제품혁신의 방향으로 기술진화를 진행하기 때문에, [그림 23]과 같이 선진국의 역방향으로 혁신을 수행하게 된다는 것이다[16,17].

그림 22 기술혁신 과정

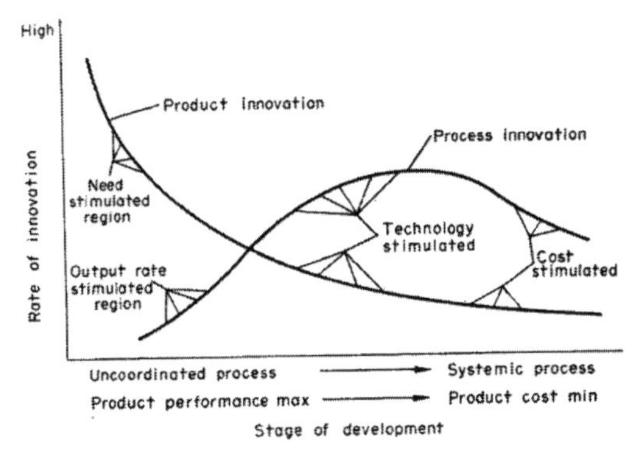

〈출처 : Utterback & Abernathy(1975)[15]〉

그림 23 후발국의 혁신 과정

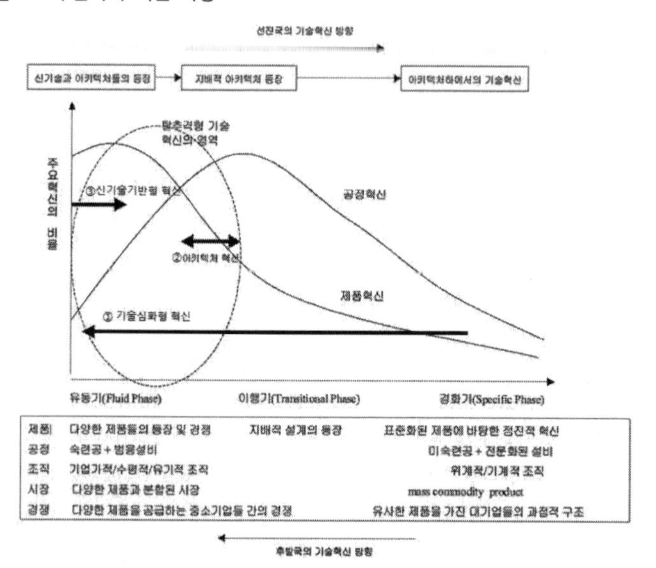

〈출처 : 송위진 (2006)[16] 및 황혜랑(2012)[17] 재구성〉

1980년대 후반 우리나라는 기계, 부품, 소재 등의 수입 증대로 인하여 대일 무역역조가 심화되었을 뿐만 아니라, 임금상승, 원화절상, 국제원자재 가격 상승 등의 대내외적 경제여건 변화에 따라 후발 개발도상국으로부터 추격의 위기를 맞게 되었다[18,19]. 또한, 선진국은 자국 산업 보호를 위하여 무역장벽을 강화하는 기술보호주의(technology protectionism) 정책을 시행하기 시작하였다. 기술보호주의는 기술이전에 따른 부메랑 효과(boomerang effect)를 경계하여 취하는 태도·정책 등의 총체를 의미한다. 여기서 부메랑 효과는 후발국에 대한 선진국의 경제 원조, 자본 투자, 기술 협력 제공 결과가 도리어 후발국의 생산품이 선진국에 역수출되어 선진국의 기업과 경쟁을 낳게 하거나, 나아가 후발기업이 선진기업이 점유하던 제품 시장을 장악하게 되는 결과를 초래하는 현상을 말한다.

1991년 소련연방의 해체와 함께 냉전시대가 종료되면서 세계의 질서는 군사력에서 선도기술 기반의 경제력으로 그 중심이 이동되었으며, 이에 따라 선진국들은 기술경쟁력 강화를 위하여 국가연구개발사업에 대한 지원을 대폭 강화해나갔다. 1992년 미국은 고성능 컴퓨터와 통신기술, 첨단제조기술 등에 대한 국가연구개발비를 20% 이상 증액하였으며, 신소재와 생명공학기술에 대한 연구개발사업 등을 대통령 주관 사업으로 선정하고 백악관에서 직접 기획·관리하였다. 일본은 2002년까지 세계의 기술주도권 확보를 목표로 해외선진국과의 차세대 첨단기술 연구개발 협력 및 기초과학 지원을 강화하였다.

1990년대 초반 경제 후발국이었던 우리나라는 국가차원의 전폭적인 지원에 힘입어 기술추격형 전략을 통하여 경제성장을 도모하려 하였다. 이에 따라 우리나라는 반도체 생산에 있어 세계 2위로 올라섰으나, 당시 설계기술의 자립도는 40%, 재료기술은 10%, 장비기술자립은 4% 수준으로 여전히 기술력은 낮은 수준에 머물고 있었다. 또한, 1992년 우리나라의 국가연구개발사업 총 예산은 약 4,488억원으로 당시 일본 닛산의 1년 연구개발비 8,000억원의 56% 수준에 머물고 있었다.

선진국을 중심으로 진행되었던 기술보호주의는 1990년 중반에 이르러 세계무역기구(World Trade Organization, WTO)체제 출범과 우리나라의 OECD 가입과 더불어 그 현상이 기술패권주의(technology hegememony)로 강화되었으며, 미국, 유럽공동체, 일본 등의 기술선진국들은 한국과 같은 기술개도국에 대하여 선진국 수준의 지적재산권 보호를 요구하기 시작하였다[19]. 또한, 후발국의 연구개발 활동을 제한하기 위하여 국가연구개발사업에 대한 정보를 공개하게 하거나 더 나아가 정부의 기술개발 활동지원을 규제하려는 신국제기술질서와 기술블럭화 현상이 대두되었을 뿐만 아니라, 환경문제와 관련한 리우회의, 몬트리올 의정서, 바젤협약 등 각종 규제의 움직임이 새로운 무역장벽으로 등장하고 있었다.

이러한 선진국의 기술보호주의와 기술패권주의는 기술추격을 수행하는 후발국에게는 위기인 동시에 기술을 발전시키기 위하여 연구개발을 촉진시키는 되는 계기가 되기도 하였다[20]. 기업들은 선진기업으로부터의 기술이전, 설계 라이센스 등의 구입이 어려워짐에 따라 점차 독자적인 기술개발에 눈을 돌리게 되었을 뿐만 아니라, 대학 및 정부 연구부문과의 연구개발 협력의 중요성을 인식하게 되었다. 이에 따라 기업의 연구개발 투자가 대폭 증가하여 1990년대 우리나라 총 연구개발 투자액 중 정부와 기업의 비율은 28 대 72로 현재와 비슷한 수준으로 변화하였다. 한편 정부는 기업들의 기술자립도 확보를 통한 혁신역량 강화와 지속가능한 발전을 도모하기 위하여 산업기술개발사업에 대한 기업의 참여를 유도하고 예산과 지원 범위를 늘려 나갔다. 1990년대 중반에는 첨단전자정보, 반도체, Liquid Crystal Display(LCD), 메카트로닉스, 신소재, 정밀

화학, 생물산업, 광산업 등의 첨단기술산업의 기술 발전을 위하여 시제품 및 첨단기술 개발 융자 사업을 활성화하기 시작하였는데, 해당 사업의 예산은 1995년 1,845억원에서 1996년 2,545억원으로 대폭 증가하였다.

1990년대 우리나라의 대학 및 정부 연구부문의 응용기술 연구 확대와 기업과의 연구개발 협력 확대는 당시 기술패권주의에 따른 기술추격 전략의 전환과 맞물려 있다. 선진국의 기술보호주의와 기술패권주의로 인하여 당시 기술 후발국인 우리나라는 단순히 선발주자가 기술을 발전시킨 경로를 따라가는 경로추종형 추격 전략을 사용하기 어려워졌을 뿐만 아니라, 이러한 전략만으로는 당시 대두된 신국제기술질서와 기술블럭화 속에서 선진국을 따라잡기에는 한계가 있었기 때문이다. 이에 따라 우리나라는 기술의 경로를 따라가지만 일부 단계를 생략하여 추격시간을 단축시키는 단계생략형 추격 전략과 독자적인 경로를 창출하여 기술을 추격하는 경로창출형 추격 전략을 동시에 추진하였다[21].

이근 교수는 기술추격론을 제창하면서 단계생략형 추격 전략의 대표적인 사례로 삼성전자의 메모리 반도체 개발을 제시하였다[20]. 1980년대 삼성전자는 해외 선진기업으로부터 반도체 설계 구입이 어려워짐에 따라 스스로 메모리 반도체를 개발하기 시작하였는데, 당시 1k DRAM부터 개발해야 한다는 정부의 입장에도 불구하고 삼성전자는 기존의 단계를 생략하고 곧바로 64k DRAM 개발을 통하여 1983년 선진국을 추격하였으며, 이듬해인 1984년에는 세계 최초로 256k DRAM 개발에 성공하게 되었다. 하지만, 당시 삼성전자의 DRAM 개발 성공은 독자적인 연구개발에 의해서가 아니라, 해외기업들로부터의 핵심설계 도입에 의존하여 이루어졌다. 1986년 미국의 텍사스 인스트루먼트(Texas Instrument)는 삼성전자와 8개의 일본 기업을 상대로 DRAM 설계에 대한 특허 도용소송을 제기하였고, 이로 인하여 삼성전자는 막대한 로열티를 지급하게 되었음은 물론 메모리 판매에 있어서 큰 차질을 빚게 되었다. 이를 교훈으로 삼성전자는 자체적인 핵심기술 확보를 위하여 1980년 약 8.5백만 달러에서 1994년 891.6백만 달러로 연구개발 예산을 대폭 확대하였다.

이러한 기업의 적극적인 연구개발 투자와 더불어 정부도 메모리 반도체 분야의 연구개발 지원을 위하여 1986년 4M DRAM사업을 시작으로, 16M DRAM사업, 64M DRAM사업을 거쳐 1993년 차세대반도체사업을 추진하였다. 4M DRAM사업은 당시 과학기술처, 상공부, 체신부[i]가 공동으로 참여하는 범부처 국가연구개발사업이었으며, 초기 연구단계에서는 정부출연연구기관의 주도로 추진되다가 1993년부터는 기업주도의 산-학-관 공동 연구로 진행되었다.

다음으로 경로창출형 추격 전략의 대표적인 사례로는 Code Division Multiple Access(CDMA) 개발과 디지털TV의 개발이 있다. 당시 유럽에서는 Time Division Multiple Access(TDMA) 방식이 주로 사용되었음에도 불구하고, 정부에서는 전략적으로 주파수 효율

i) 체신부(遞信部)는 우편·전신환·우편 대체(對替)·전파관리 및 전기통신에 관한 사무를 장리하기 위해 설치되었던 중앙행정기관을 말하며, 1994년 정부조직 개편시 상공자원부의 일부 정보통신산업 관련 업무를 이관 받아 정보통신부로 개편되었다.

성과 통화품질이 우수한 CDMA 개발을 채택하고 1989년부터 이를 위한 국가연구개발사업을 추진하였다. 이는 정부가 타 국가와는 다른 경로를 선택하고 산-학-관 협력을 통하여 기술개발에 성공한 대표 사례이다. 하지만, CDMA 개발 또한 핵심기술은 퀄컴으로부터 구입한 것이며 당시 휴대폰 부품의 국산화는 30% 수준에 머물고 있어, 이에 대한 지속적인 연구개발이 필요하였다. 또한, 디지털 TV의 개발은 당시 일본이 선도하던 아날로그 TV에서 디지털 TV로 전환되는 시기에 정부가 일본의 기술경로를 그대로 따라가기보다는 기술경로를 새로 창출하는 전략을 바탕으로 1989년 5년간 1,000억원 규모의 국가연구개발사업으로 추진하였던 사례이며, 이후 진행된 HDTV 개발 사업은 정부출연연구소의 주도로 삼성전자, LG전자, 현대전자, 대우전자 등의 대기업들이 참여하여 이루어졌다.

하지만, 현재 우리나라의 주력 제품은 주로 기존에 문제가 정의되어 있고, 이를 해결하기 위한 여러 대안 중 특정 대안을 성공적으로 수행하는 혁신에 국한되어 있다. 또한, 기술보호주의와 기술패권주의로 인한 기술모방의 한계와 중국과 같은 국가들의 거센 추격으로 인하여 추격형 전략이 한계에 봉착하고 있다. 이에 지속적인 혁신과 경쟁우위 확보를 위해서는 추격전략을 넘어 탈추격형 전략이 필요한 시점이다. 탈추격형 전략에서는 혁신주체들의 충분한 혁신역량이 반드시 수반되어야 하며, 혁신주체 간의 상호작용, 혁신활동에 영향을 미치는 제도, 혁신주체와 외부환경 간의 상호작용 등이 중요한 요소로 작용하므로 이에 대한 연구가 선행되어야 한다[17].

기술혁신 모형

기술혁신 모형은 5개의 세대로 구분된 형태로 발전해 왔다고 많은 연구자들이 분석하고 있는데, 1950년대에서 1960년대 중반까지 주류를 이뤘던 1세대 기술혁신 모형은 선형 모형과 기술주도(technology push) 모형을 기반으로 발전했다. 이후 1960년대 중반부터 1970년대 초반까지는 시장의 수요가 기술혁신의 원천 역할을 한다는 개념으로부터 출발된 수요견인(demand pull) 모형이 주류를 이루었다. 이는 기술주도 모형이 시장의 가격, 경제 상황, 시장의 수요 등을 반영하지 못한다는 비판으로부터 시작된 것이다. 하지만, 무한한 인간의 욕구와 수요의 모호한 의미와 범위 등으로 인하여 수요견인 모형에 대한 비판도 제기되었다.

1세대 기술주도 모형과 2세대 수요견인 모형이 통합된 체인-링크(chain-linked) 모형 또는 상호연계(interactive) 모형은 1970년대 초반부터 1980년대 중반의 3세대 기술혁신 모형의 기반이 되었다. 1980년대 중반부터 2000년대 초반까지의 4세대 기술혁신 모형은 정부의 체제실패를 보완하기 위하여 제시된 혁신체제(innovation system)론으로서 현재까지도 많은 국가에서 활용되고 있다. 2000년대 초반 제시되어 현재의 5세대 기술혁신 모형은 트리플헬릭스(triple helix) 모형으로서 혁신체제가 다루고 있는 시스템 구조에서 더 나아가 시스템 내의 네트워크와 상호작용을 다루고 있다.

위에서 살펴본 기술모형의 형태적 발전 과정 외에 과학기술학(STS)과 과학기술혁신(STI) 간의 영향을 바탕으로 살펴 본 과학기술혁신의 이론적 발전과정은 [그림 24]와 같이 도식화 될 수 있다. 앞서 2장에서 설명한 '비판적 합리주의'와 '과학사회학'에 대한 비판으로 등장한 토마스 쿤의 '과학혁명의 구조'는 과학기술학의 '과학지식사회학'을 등장시킨 계기가 되었고, 이후 과학지식사회학의 영향은 '지식생산양식'과 기술사회학의 '행위자-연결망' 이론이 등장하게 된 배경이 되었다.

1990년대에 들어서면서 기존의 단일 이론에 바탕을 둔 지식 창출 이론들의 한계점을 극복하고자 연구주체 또는 학제 간 상호작용을 통하여 지식이 생산된다는 연구들이 다수 진행되었는데, 이 중 가장 널리 알려진 지식생산양식 모형은 기본스[22]에 의하여 제안되었다. 그는 1980년 이후 연구전략, 지식생산 배경이 개별 주체들의 학문적 호기심에만 의존하던 기존의 모드(mode) 1에서, 다양한 주체가 수평적인 상호작용과 결합을 통하여 실용적 지식을 창출한다는 모드 2로 급진적으로 변화하였다고 주장하였다. 그에 따르면 지식기반경제사회로 접어들면서 지식창출을 통한 경제 가치 창출이 중요해지고 정보통신의 발전과 더불어 다양한 지식의 전달과 공유가 용이해짐에 따라 서로 다른 학제 간 연구개발 네트워크가 강화되는 계기가 되었고, 이에 따라 지식생산양식이 모드 1에서 모드 2로 급진적으로 변화하였다는 것이다.

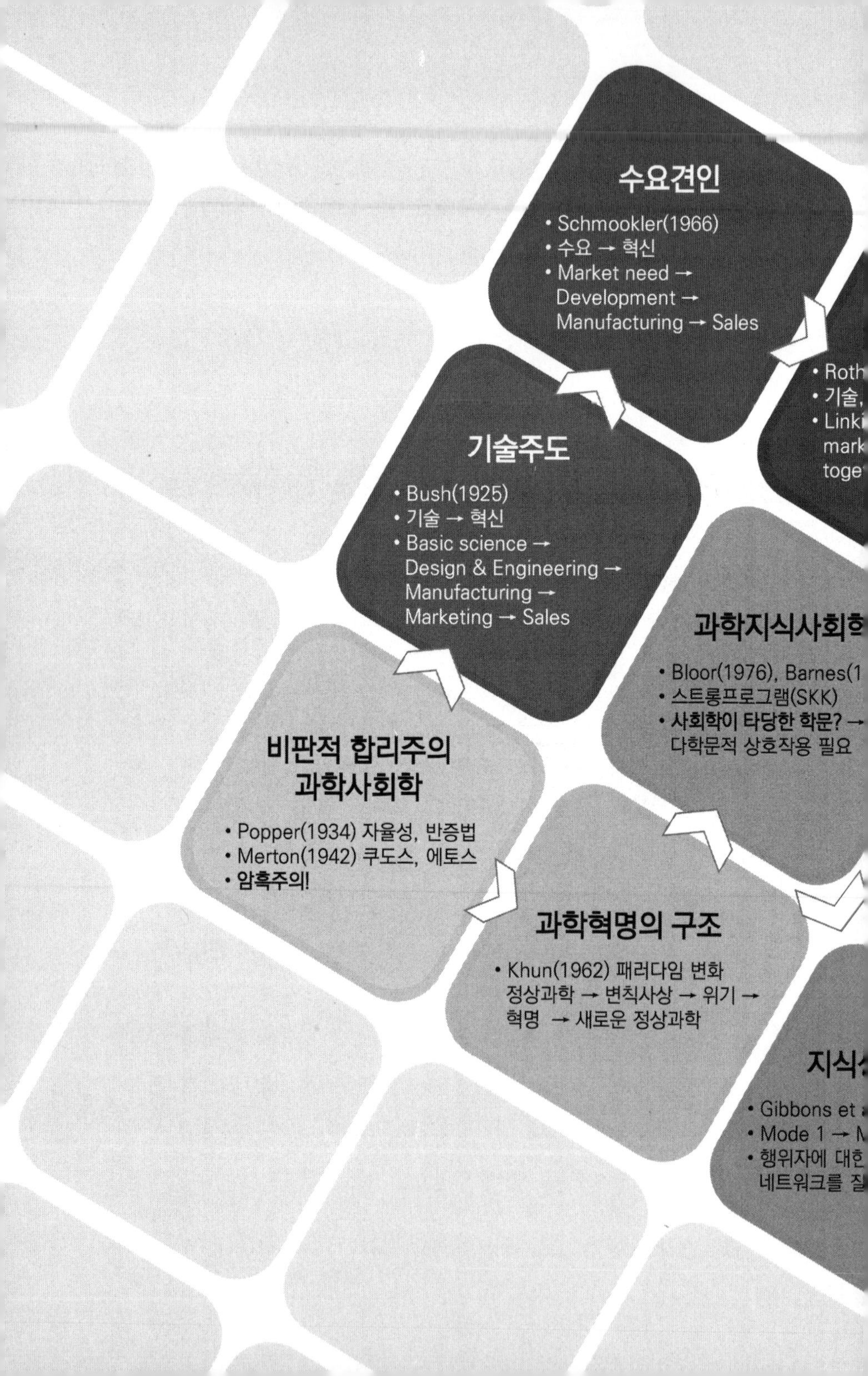

수요견인

- Schmookler(1966)
- 수요 → 혁신
- Market need → Development → Manufacturing → Sales

- Roth
- 기술,
- Linki mark toge

기술주도

- Bush(1925)
- 기술 → 혁신
- Basic science → Design & Engineering → Manufacturing → Marketing → Sales

과학지식사회학

- Bloor(1976), Barnes(1
- 스트롱프로그램(SKK)
- **사회학이 타당한 학문? →** 다학문적 상호작용 필요

비판적 합리주의 과학사회학

- Popper(1934) 자율성, 반증법
- Merton(1942) 쿠도스, 에토스
- **암흑주의!**

과학혁명의 구조

- Khun(1962) 패러다임 변화 정상과학 → 변칙사상 → 위기 → 혁명 → 새로운 정상과학

지식

- Gibbons et
- Mode 1 → M
- 행위자에 대한 네트워크를 질

그림 24 과학기술혁신(STI) 이론의 발전과정

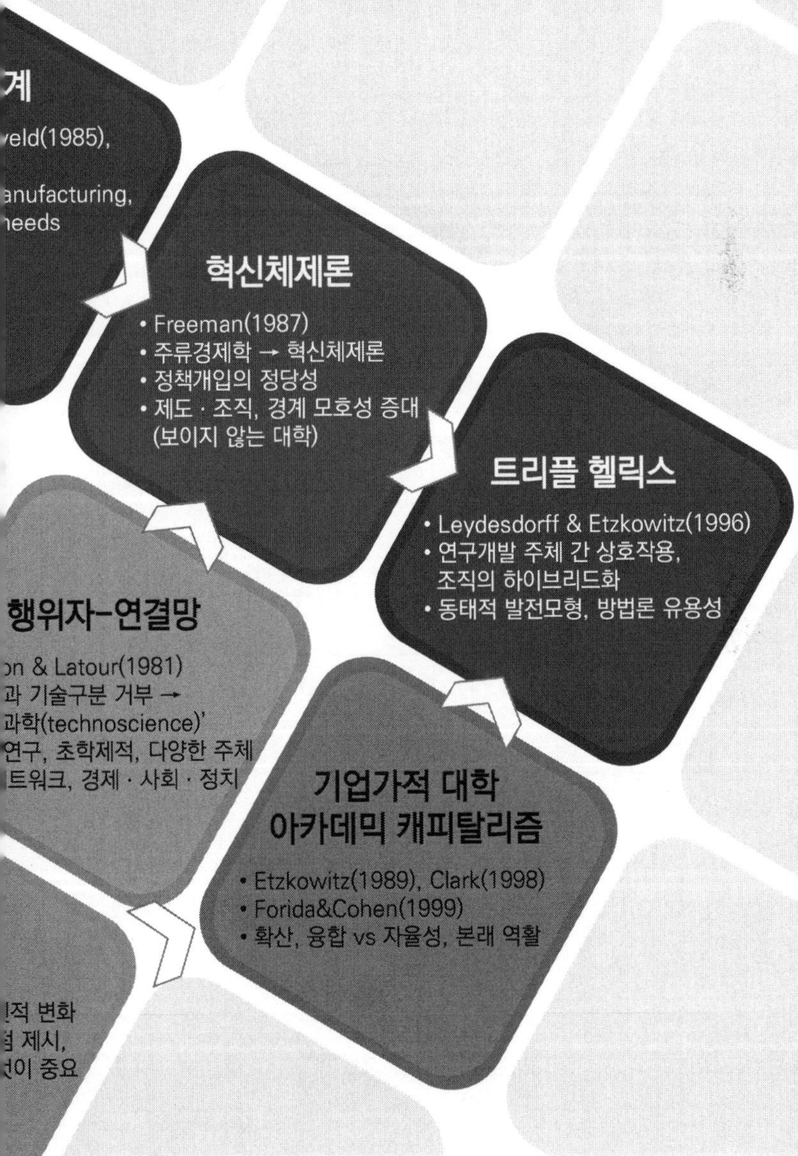

또한, 그는 [표 3]과 같이 새로운 지식생산양식은 지식생산 배경, 학제적 기반, 지식생산 조직, 책무성(accountability), 지식의 질에 대한 통제(quality control) 측면에서 기존의 지식생산양식과 차별성을 가진다고 주장하였다.

표 3 지식생산양식 모드 1 및 모드 2의 비교

구 분	모드 1	모드 2
지식생산 배경	지식의 실용적인 적용보다는 학문적 호기심에 의하여 지식을 창출된다.	기업, 정부 또는 사회 전체에 대한 잠재적 성과를 염두하고 수행되며, 실제적 응용이 가능한 지식의 창출을 목표로 한다.
학제적 기반	지식은 특정 학제에 의하여 창출된다.	지식은 서로 다른 학제간의 협력을 통하여 발생된다.
지식생산 조직	지식은 학문적 기반을 두고 있는 대학의 전문가로부터 창출된다.	지식은 대학 외에도 다양한 조직의 이해관계자들이 참여하여 창출된다.
책무성 (accountability)	연구자집단 내에서 동료들에게 평가 받는다.	사회적 책무가 중요하며, 연구 과정에서 다양한 이해관계자에 의하여 평가 받는다.
지식의 질 통제 (quality control)	해당 분야의 선행연구에 대한 차별성과 경쟁력에 대하여 평가받아 지식의 질을 통제한다.	지적 탁월성 외에도 비용효율과 같은 경제, 사회, 정치적 영향력 등 다양한 항목으로 지식의 질이 통제된다.

〈출처 : Gibbons, M.(1994)[22], 정상기(2009)[23] 재구성〉

그가 제시한 모드 1과 모드 2의 차이점 중 첫 번째는 지식생산의 배경으로서, 학문적 호기심에 의하여 순수연구에만 연관된 지식을 창출하는 모드 1과 달리 모드 2에서는 기업, 정부, 또는 사회 전체에 대한 지식의 잠재적인 영향 및 성과를 염두에 두고 지식의 실용

적 적용을 위한 응용 연구를 목적으로 지식을 창출한다. 둘째, 특정 학제에 의하여 지식이 생산되는 모드 1 방식과는 달리 모드 2는 서로 다른 학제간의 협력을 통하여 다양한 이해관계자가 참여하는 초학제적(transdisciplinary)인 특징을 가지고 있다. 셋째, 모드 1에서의 지식생산은 주로 학문적 기반을 두고 있는 대학의 전문가들에 의존하고 있으나, 모드 2에서는 대학 외에도 정부, 기업, 컨설팅회사 등 다양한 조직의 이해관계자들로 구성된 네트워크 속에서 지식이 발생된다. 넷째, 지식에 대한 책무성에 있어서 모드 1은 연구자 집단 내에서 동료들에게 평가받는 반면, 모드 2에서는 사회적 책무가 중요하며 연구 과정에서 다양한 이해관계자에 의하여 평가 받는다. 이러한 사회적 책무의 중요성과 다양한 이해관계자와 관련된 특성은 연구자들이 끊임없는 성찰을 하도록 하는 계기가 될 뿐만 아니라 조직 구성의 다양성을 불러일으키는 효과를 가지고 있다[21]. 마지막으로 지식의 질을 통제하기 위하여 모드 1에서는 해당 분야의 선행연구에 대한 차별성과 경쟁력에 대하여 평가받는 반면, 모드 2에서는 학술적 탁월성 외에도 비용 효율과 같은 경제적 영향뿐만 아니라 사회적, 정치적 영향력 등 다양한 항목으로 평가받게 된다.

지식생산양식의 변화는 대학이 기존의 순수학문 연구에서 벗어나 다양한 학제, 기업과의 공동연구를 촉진하였는데 이는 앞에서 살펴본 '기업가적 대학'과 '아카데믹 캐피탈리즘'으로 대변되는 과학 또는 지식의 상업화 현상으로 이어지게 되었다.

혁신체제론에 대한 연구는 1970년대 이루어졌던 혁신활동 연구의 대표적 학자인 프리만(Freeman)[24]으로부터 시작되었다. 그에 따르면 혁신체제란 새로운 지식을 창출, 개선, 확산하는 주체 간의 상호작용을 위한 네트워크를 말한다. 체제(system)의 정의에 대하여 기존의 문헌을 살펴보면, 룬드발(Lundvall)의 연구에서는 "체제란 다수의 주체들과 이들의 관계에 의해서 구성 된다"[25]라고 설명하였고, 니프(Neef, D., Siesfeld, G. A.)와 세폴라(Cefola, J.)는 "공동의 목표를 달성하기 위하여 구성된 독립 주체들의 네트워크"[26]라고 정의하면서, 공동의 목표를 위한 주체들의 네트워크 구성과 이를 통한 상호작용으로서 혁신체제를 설명하고 있다.

그림 25 혁신체제론의 분석 수준

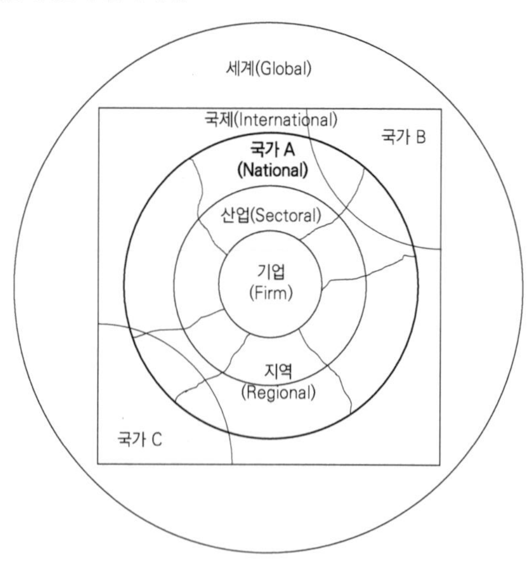

〈출처 : 이공래(1996)[27]〉

혁신체제론은 혁신을 바라보는 수준에 따라 다양하게 사용되어 왔으며, 이공래[27]는 [그림 25]와 같이 혁신체제론은 "기업수준에 적용할 경우 기업혁신체제론(Cooperative Innovation System, CIS), 산업수준에 적용할 경우 산업혁신체제론(Sectoral System of Innovation, SSI) , 지역수준에 적용할 경우 지역혁신체제론(Regional Innovation System, RIS) , 국가단위에 적용할 경우 국가혁신체제론(National Innovation System, NIS)"의 형태로 다양하게 적용되어 왔다고 설명하였다.

혁신체제론은 국가혁신체제론을 필두로 연구되기 시작하였는데, 이는 신고전학파로 대변되는 당시의 주류경제학이 경제발전을 개인에 초점을 맞추고 있으며, 시장에서의 자원배분 정책에만 의존하고 있다는 비판과 함께 국가혁신체제론이 새로운 정책적 대안으로 부상하였기 때문이다[28].

주류경제학에서는 연구, 개발, 상업화의 과정을 선형적 모형으로 설명하는 반면 국가혁신체제론에서는 기업을 중심으로 혁신주체 간의 상호작용을 통하여 혁신적 성과가 발생된다고 설명하고 있다. 주류경제학에 비하여 혁신체제론은 정부의 폭넓은 정책적 개입을 보다 정당화시키는 역할을 하는데, 이는 국가혁신체제론에서는 연구개발뿐만 아니라 교육훈련 제도, 생산체제, 금융제도, 경쟁기업, 공급업체, 수요업체, 시장의 제도 등 기업과 관련된 모든 정책들을 혁신의 범주로 포함하기 때문이다. 특히 연구개발을 위한 정부출연금 지원정책은 주류경제학 측면에서는 사회적 비용과 편익이 동일해지도록하기 위한 연구개발 투자 정책이지만, 국가혁신체제론의 측면에서는 이를 넘어서 기업의 혁신역량 제고와 지식창출을 통하여 국가의 경제성장을 이끌어내기 위한 정책으로 판단되기 때문에 보다 넓은 추진의 정당성을 가질 수 있다.

국가혁신체제론은 1980년대 후반 많은 학자들에 의하여 본격적인 연구가 이루어지면서, OECD를 중심으로 여러 국가에서 정책적 틀로서 널리 사용되기 시작하였다. 프리만은 국가혁신체제를 새로운 기술의 창출, 도입, 수정, 확산의 상호작용을 하는 민간, 공공 부문 조직으로 구성된 네트워크로 정의하고 있으며, 룬드발은 국가혁신체제를 국가의 틀 안에서 경제적 가치를 가지는 새로운 지식의 창출, 확산, 사용의 상호작용을 하는 주체들의 관계로 정의하고 있다. 그는 오랜 기간에 걸쳐 축적되는 국가별 제도와 문화가 혁신주체 간에 효율적인 상호작용을 창출하는데 큰 영향을 미친다고 주장하였다. 또한, 그는 기업 내부 조직, 기업 내부의 연계, 교육 및 연구개발 관련 공공부문의 역할, 금융부문, 연구개발 투자 비중 및 연구개발 조직의 형태로 다양한 주체들이 네트워크를 구성하고 있다고 주장하였으며, 서로 다른 성격의 각 주체뿐만 아니라 네트워크에서의 주체 간 관계가 중요하다고 설명하였다. 즉, 지식 창출 및 흐름이 동태적으로 발전해 나간다고 주장하는 슘페터의 이론을 바탕으로 룬드발은 혁신을 위한 연구개발 주체들로 구성된 네트워크에서 발생되는 상호작용의 중요성을 강조하고 있다.

베츠(Frederick Betz)[29]는 국가혁신체제에서의 연구개발 네트워크 상호작용을 통한 지식창출의 중요성을 강조하였으며 기업, 대학, 정부의 연구개발 부분으로 구성된 네트워크 상호작용을 통하여 발생된 지식이 유용성으로 변화하는 과정을 혁신으로 설명하였다. 그는 기업, 대학, 정부가 지식창출을 위하여 주어진 그들의 역할을 충실히 수행하고 산-학-관 연구개발 네트워크의 상호작용을 활발히 진행할 때, 비로소 지식이 창출되어 최종적으로 가치를 창출한다고 주장하였다. 정리하자면 국가혁신체제는 국가라는 틀 아래에서 새로운 지식 또는 기술의 창출, 개선, 확산 등의 상호작용이 발생되는 네트워크이며, 혁신은 네트워크 내의 주체 간 상호작용을 통하여 발생된다는 것이다.

국가혁신체제론은 지난 20년간 혁신체제론 연구의 50% 이상을 차지할 만큼 많은 학자들로부터 널리 연구되고, 다양한 국가로부터 정책적 툴로서 사용되어 왔음에도 불구하고 다음과 같은 한계점을 가지고 있다. 첫째, 혁신, 혁신주체, 혁신활동 등의 이질성으로 인하여 이론적인 엄밀성 및 구체성이 부족하여 학자들마다 [표 4]와 같이 서로 다른 정의를 내리고 있다. 넬슨은 국가혁신체제를 국가에 속한 기업의 혁신적인 성과 창출을 위하여 상호작용을 수행하는 조직들의 집합체라고 정의하고 있는 반면, 파텔(Parimal Patel)은 국가혁신체제를 기술학습의 방향과 정도를 결정하게 되는 국가 단위 조직의 인센티브 구조 또는 경쟁력으로 설명하고 있다[30]. 특히 "국가혁신체제론은 제도의 중요성을 강조하지만, 제도와 조직이 명확히 구별되지 않을 뿐만 아니라 제도가 정확히 무엇을 의미하는지에 관해서는 의견의 불일치가 존재한다."[31]

표 4 국가혁신체제의 정의에 대한 선행연구

연구자	국가혁신체제의 정의
Betz(2003)	국가혁신체제는 산-학-관 주체 간의 상호작용을 통하여 자연현상 이해를 위하여 생성된 지식이 사업과 시장에서의 유용성의 형태로 가치를 창출한다.
Freeman(1987)	국가혁신체제는 새로운 기술의 창출, 도입, 수정, 확산의 상호작용을 하는 민간, 공공 부문 조직으로 구성된 네트워크이다
Lundvall(1992)	국가혁신체제는 국가의 틀 안에서 경제적 가치를 가지는 새로운 지식의 창출, 확산, 사용의 상호작용을 하는 주체들과 관계이다.
Metcalfe(1995)	국가혁신체제는 독자적으로 또는 타 주체와의 협력을 통하여 새로운 기술의 창출과 확산에 공헌하는 조직들의 집합이며, 이는 혁신과정에 영향을 미치는 국가의 형태와 정책에 프레임을 제공한다. 또한, 지식과 기술을 창출, 저장, 이전하는 기관들이 상호 연결된 체제이다.
Nelson(1993)	국가혁신체제는 국가에 속한 기업들의 혁신적인 성과 창출을 위하여 상호작용을 수행하는 조직들의 집합체이다.
Patel & Pavitt(1994)	국가혁신체제는 기술학습의 방향과 정도를 결정하게 되는 국가단위 조직의 인센티브 구조 또는 경쟁력이다.

〈출처 : Betz(2003)[32], OECD (1997)[33] 재구성〉

둘째, 체제의 경계 및 분석의 단위가 모호하다. 넬슨(Richard R. Nelson)과 로젠버그(Nathan Rosenberg)[34]는 혁신이라는 개념 자체가 매우 포괄적이기 때문에 국가 단위의 혁신체제에 무엇을 포함하고, 무엇을 제외해야 하는지 결정하는 것은 매우 어려운 일이라고 주장하였다. 이는 연구개발 네트워크의 국제화(globalization)가 가속화됨에 따라 국가의 경계 자체가 모호해지기 때문이며, 특히 유럽연합(European Union, EU) 회원국의 경우에는 국가라는 단위의 개념 자체를 규정하기 힘들어 이러한 연구개발 네트워크 모형을 적용하는데 큰 한계가 있다. 나아가 국가혁신체제의 범주 안에 지식을 창출하고 활용하는 주체들뿐만 아니라 베츠가 제시한 시장에서의 가치창출, 구매자 등이 포함된다면 다른 국가의 혁신체제와 구분되는 경계를 정의하기가 힘들어진다.

마지막으로, 기업의 행동보다는 제도 및 체제에 대한 정책에 초점을 맞추고 있는 국가혁신체제론은 혁신창출의 핵심주체로 설명한 기업의 구체적인 활동 분석이 어렵다는 한계를 가지고 있어 "제도적 결정론에 빠질 위험이 상존한다."[31]라는 비판이 제기되고 있다.

이러한 국가혁신체제론의 비판과 함께 다양한 수준에서 혁신활동을 분석하려는 지역혁신체제론, 기술체제론, 산업혁신체제론 등의 연구도 확대되었으나, 이러한 혁신체제론들 또한 국가혁신체제론의 한계성인 엄밀성과 구체성의 한계, 체제의 경계 및 분석의 모호성, 기업 혁신활동 분석의 한계 등의 문제점들을 여전히 내포하고 있다. 이러한 체제론들은 기존의 국가혁신체제론의 문제점을 해결하거나 대체하기보다는, 다양한 수준에서 혁신활동을 분석하고 제도를 확립하는 데 도움을 주는 상호보완성을 가지고 있기 때문에 최근에는 다양한 혁신체제론을 통합화하고 이를 상호 분석하려는 연구들도 진행되고 있다. 하지만, 혁신체제론은 진화론 관점에서의 동태적 모형을 중요시하고 있음에도 불구하고 여전히 네트워크, 상호작용이론 등을 통한 동태적 모형이나 실증적 분석을 제공하지 못하고 있어, 혁신체제론과 같이 혁신을 일으키는 연구개발 네트워크를 하나의 정적인 체제의 모형으로 설명하기보다는 여러 체제가 내부, 외부적으로 동적으로 작동하는 네트워크의 측면에서 바라보는 논의가 필요한 시점이다.

앞에서 살펴보았듯이 국가혁신체제와 지식생산양식 모두 산-학-관 연구개발 네트워크의 상호작용을 강조한 점에서 유사점을 가지고 있으나, 국가혁신체제는 국가단위에서 기업을 중심으로 이와 관련된 혁신주체 간의 상호작용을 중요시하고 있으며, 지식생산양식 모드 2는 사회, 과학, 경제적 영역에서의 문제해결을 위한 다양한 학제, 주체 간의 협력을 통한 지식생산의 유용성을 강조하고 있다. 또한, 앞에서 살펴보았듯이 국가혁신체제는 국가라는 경계의 모호성, 지식생산양식은 실제 지식창출 과정의 모호성으로 인하여 한계점을 가지고 있다.

이러한 이론적 한계를 극복하고자 1990년대 후반 에츠코비츠(Henry Etzkowitz)와 레이데스도르프(Loet Leydesdorff)[35]에 의해 제시된 트리플헬릭스 이론은 지식기반경제사회에서 대학 중심의 혁신과 경제적 발전을 기반으로 산-학-관의 지식 창출, 지식 이전, 지식 활용 등의 상호작용과 구조 변화 등을 다루고 있다. 트리플헬릭스 이론은 국가로부터의 독립성을 가지고 있다는 점에서 국가혁신체제와는 차별될 뿐만 아니라, 산-학-관 간 역동적인 상호작용에 의하여 연속적으로 발전해나가는 동태적 모형의 형태를 가지고 있다는 점에서 기존의 지식생산양식 모드 2와도 차이점을 가지고 있다. 그들은 산-학-관 연구개발 네트워크의 발전 모습을 국가주의 모형(statist model), 자유방임(laissez-faire model) 모형, 트리플헬릭스 모형의 순으로 제시하고 각 모형에 대한 시사점과 이들의 발전과정을 설명하였다.

그림 26 산-학-관 연구개발 네트워크의 발전

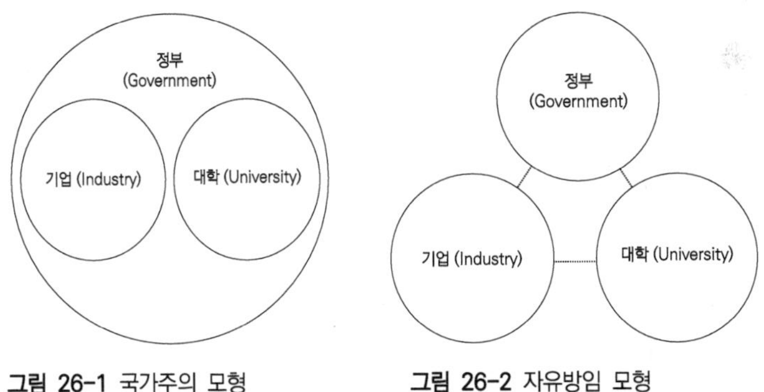

그림 26-1 국가주의 모형 **그림 26-2** 자유방임 모형

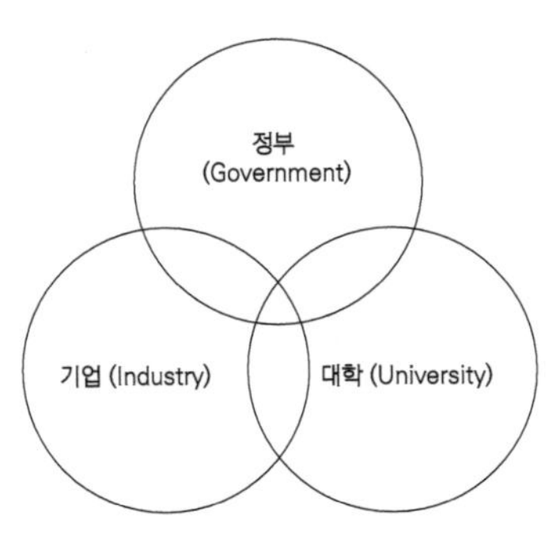

그림 26-3 트리플헬릭스 모형

〈출처 : Etzkowitz & Leydesdorff(2000)[33]〉

초기 연구개발 네트워크는 [그림 26-1]과 같이 정부의 강한 영향력 아래 기업과 대학이 각자의 연구개발 수행을 통하여 지식을 창출하는 국가주의 모형으로 설명되었다. 이러한 모형은 하향식(top-down) 정책 중심의 소련, 일부 유럽 국가, 중남미 국가에서 발견되며 이러한 나라들에서는 정부 소유 기업들이 경제·산업 발전에 있어서 강한 지배력을 가지고 있다. 또한, 이러한 체제에서 정부는 강한 개입을 통하여 대학과 기업을 조정하는 역할을 수행하기 때문에 상향식(bottom-up) 정책이나 기업과 대학의 혁신을 촉진하기 힘들다. 국가주의 모형의 사례로는 1970년대 ~ 1980년대 초 브라질에서 실시하였던 산업기술 정책을 들 수 있는데 당시 브라질 정부는 컴퓨터와 전자기기 산업에서 기술역량을 제고하기 위하여 대학 중심의 대형 국가연구개발사업을 실시하였다. 이러한 국가주의 모형에 바탕을 둔 연구개발은 다른 국가와의 경쟁보다는 국가 내의 고립된 산업발전을 일으키기 위한 전략으로는 효과적일 수 있다.

이후 국가주의 모형은 [그림 26-2]와 같이 대학, 기업, 정부가 수평적인 관계를 가지는 자유방임 모형으로 진화하였다. 자유방임 모형에서 점선은 연구개발 주체 간 일정 수준의 상호작용을 할 수 있다는 것을 의미하지만, 실제 연구개발은 협력적이기보다는 경쟁적으로 발생하게 된다. 자유방임 모형에서는 각 주체의 역할은 제한적이며 주체 간의 상호작용을 위해서는 서로의 강한 규제와 표준을 넘어야 한다. 여기서 정부는 국방기술의 개발을 위한 기업-정부의 협력과 같은 특수한 상황들을 제외하고 시장실패가 예상될 경우에만 연구개발을 위한 정부출연금 지급 정책과 같은 역할을 수행하게 된다. 또한 자유방임 모형에서 창업의 동기는 서로 다른 유형의 주체 간 발생되기보다는, 개인에 의하여 유발된다고 설명하고 있다.

하지만, 실제로는 정부가 자유방임 모형에서 제시한 역할을 넘어서 지식 공유, 대학 인력의 취업, 공동연구 등을 통하여 연구개발 주체 간의 상호작용이 촉진한 사례들이 다수 존재한다. 이러한 사례로는 1970년대 미국 정부의 바이-돌 법과 같은 연구개발 간접지원 정책과 유럽연합 프레임워크 사업(Europe Union's Framework program), 미국 방위고등연구계획국(Defense Advanced Research Projects Agency, DARPA) 등의 연구개발 직접지원 정책 등으로 인하여 대학, 기업, 정부 연구기관의 상호작용이 촉진된 경우를 들 수 있다. 또한, 주체의 구분이 명확한 자유방임 모형은 공동연구와 같은 연구개발 주체 간의 강한 협력뿐만 아니라 대학의 스핀오프, 대기업-중소기업 또는 서로 다른 산업분야의 기업 간 전략적 제휴 등 주체의 경계가 불분명한 최근의 다양한 조직 변화를 설명하는 데 있어서 한계를 가진다.

이러한 한계점을 보완하고 연구개발 주체 간 상호작용을 통한 혁신의 동태적 발전과정을 설명하고자 그들은 [그림 26-3]과 같은 트리플헬릭스 모형을 제안하였다. 트리플헬릭스 모형에서의 각 연구개발 주체들의 교집합 부분은 서로 다른 주체 간의 상호작용뿐만 아니라 조직의 변형을 의미하며, 이는 [그림 27-1]의 변형된 순환모형을 통하여 보다 세부적인 설명이 가능하다.

그림 27 트리플헬릭스 모형에서의 산-학-관 상호작용

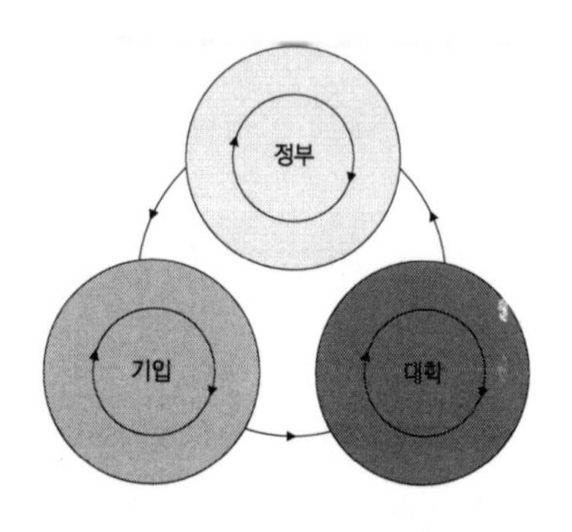

그림 27-1 각 연구개발 주체들의 순환

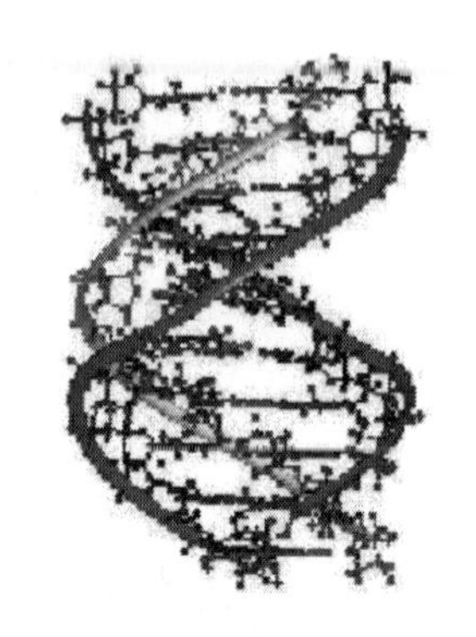

그림 27-2 시간에 따른 산-학-관 발전

〈출처 : Etzkowitz & Leydesdorff(2000)[33]〉

트리플헬릭스 모형에서의 산-학-관 상호작용은 개별 연구개발 주체 내부의 미시적 순환(수직적 순환)과 연구개발 주체 간에 거시적 순환(수평적 순환)에 의하여 발생된다. 미시적 순환은 개별 주체에서의 인력자원 및 역량의 변화에 의하여 성과물을 발생시키며, 위 또는 아래로 수직적으로 순환하게 된다. 이러한 점에서 트리플헬릭스 모형은 자식생산양식 모드 2의 종단적인 구조를 가지고 있다. 거시적 순환은 연구개발 주체들 사이의 협력정책, 프로젝트 등의 네트워크 상호작용을 통하여 서로 다른 연구개발 주체 간의 지식 및 전문성 등을 전달함으로써 기술이전조직, 벤처캐피탈(venture capital), 대학의 스핀오프(spin-off), 창업보육시설 등과 같은 하이브리드(hybrid) 또는 매개(intermediary) 조직의 발생, 발명, 혁신 등을 촉진시키는 형태로서 미시적 순환에 비하여 급진적인 효과를

가지고 있다. 거시적 순환은 종종 서로 다른 주체 간의 역할이 매우 가까워짐에 따라 주체 간 이해관계의 충돌을 낳을 수 있는 것으로 보이기도 하지만, 실제로는 공통의 문제해결을 위한 과정에서 발생되는 주체들의 공동협력, 기술이전, 인력교류 등의 하위동역학(sub-dynamics)에 의하여 새로운 아이디어와 관점이 확산되는 것이다.

트리플헬릭스 모형에서의 연구개발 주체들의 네트워크는 미시적, 거시적 순환에 따라 개별 주체가 변화할 뿐만 아니라 주체의 경계가 불분명한 다양한 조직이 발생하면서, [그림 27-2]와 같이 시간의 흐름에 따라 3개 나선이 꼬여가는 트리플헬릭스 형태로 발전해 나간다. 이러한 3중 나선 형태는 실제 DNA 구조인 2중 나선(double helix) 모형이 제안되기 전 초기 DNA 구조와 비슷한 형태를 가지고 있다.

위에서 살펴본 트리플헬릭스 모형은 다음과 같은 중요한 시사점을 우리에게 제공한다. 주류경제학에서 말하는 선형적 혁신 또는 혁신체제론에서 주장하는 동태적 혁신의 한계점을 벗어나 진정한 의미에서의 네트워크 기반의 동태적 혁신을 설명하게 해준다. 혁신체제론에서는 각 주체들이 고유의 역할을 기반으로 기업을 중심으로 협업하여 제품을 생산하는 과정을 혁신으로 바라보는 반면, 트리플헬릭스 모형은 주체 간의 협업, 지식공유, 컨설팅, 비공식적 만남 등과 같은 역할 기반 활동뿐만 아니라 주체 간의 역할을 넘어서는 새로운 하이브리드 조직들의 생성 등을 포함하는 주체 간의 상호작용 모두를 혁신으로 바라보고 있다. 또한, 트리플헬릭스 모형은 대학의 지식창출이 기업의 제품화로 이어진다거나 기업의 문제를 해결하기 위하여 대학이 지식을 창출한다는 혁신체제론의 선형적 모형을 벗어나, 주체 간 네트워크의 상호작용 과정에서 혁신이 발생한다고 설명하고 있다.

한편 글로벌화(globalization)가 진행되면서 국가혁신체제론, 지역혁신체제론과 같이 지리적 경계를 바탕으로 하는 정책들은 한계에 봉착하게 되었는데, 이는 혁신을 위한 지식은 특정 국가 또는 특정 지역으로부터 얻어지는 것이 아니기 때문이다. 이러한 한계점은 최근 재조명되고 있는 '보이지 않는 대학(invisible college)'[36] 이론으로부터 쉽게 알 수 있다. 와그너(Caroline S. Wagner)는 방대한 자원의 투입을 통하여 과학적 지식의 창출을 도모하였던 20세기 초의 거대과학(big science)은 연구자 간의 글로벌 네트워크를 통하여 상호작용을 창출하는 보이지 않는 대학으로 변경되었다고 설명하고 있다. 주칼라(Alesia Ann Zuccala)는 보이지 않는 대학을 "지역, 국가, 소속기관 등과는 관계없이 공동의 목표를 위하여 다른 연구주체와 공식적 또는 비공식적으로 소통하거나, 특정분야의 전문화를 위하여 흥미 있는 연구주제를 공유하는 연구자 간의 상호작용"이라고 정의하고 있다[37].

레이데스도르프와 에츠코비츠는 트리플헬릭스 모형은 아래와 같은 점에서 학술적 탁월성을 제공한다고 설명하고 있다[38,39]. 첫째,

트리플헬릭스 모형은 지식생산 관점에서의 사례연구에 적합하다. 여기서의 사례는 단순히 대학-기업 또는 정부-대학 등 두 개의 주체를 벗어난 산-학-관 협력 사례를 말하는 것이 아니며, 산-학-관 상호작용을 통한 경제적 교환관계, 네트워크 관점에서의 조직적 생산, 산-학-관 협력과 관련된 규범과 정책 등에 대한 분석을 가능하게 함을 의미한다. 둘째, 트리플헬릭스 모형은 복잡한 동역학 구조의 이해와 진화경제에 대한 시뮬레이션 등의 연구에 이용될 수 있다. 이는 산-학-관 간 전달되는 정보의 측정을 통하여 지식체계를 분석하고 이러한 지식이 어떻게 연구개발 네트워크에 영향을 주는지 등에 대한 실증적 분석이 가능해지기 때문이다. 셋째, 트리플헬릭스 모형을 통하여 산, 학, 관 주체들의 기능과 구조적 문제점 파악을 통하여 지식창출 및 생산성 제고 등을 위한 혁신적인 해결책을 찾아갈 수 있다.

이상 위에서 살펴보았듯이 트리플헬릭스 모형은 개별 주체의 독립적 연구수행보다는 공동의 문제해결 과정에서 연구개발 네트워크의 상호작용이 혁신을 창출한다는 이론적 모형일 뿐만 아니라, 지식기반경제사회에서의 산-학-관 제도의 변화와 혁신을 설명하고 측정할 수 있다는 점에서 방법론적으로도 유용한 측면이 있다[40].

생각해보기

#1 기술주도, 수요견인, 혁신체제론, 트리플헬릭스 모형 의의와 한계는 무엇일까?

#2 혁신주체 간의 정보와 의미는 어떻게 전달되고 내재화되는 것일까?

#3 트리플헬릭스 모형은 왜 나선형일까?

#4 트리플헬릭스 모형의 발전 방향은?

'생각해보기'에는 특별한 정답은 없다. 다만, 앞서 언급하지 않았던 질문에 대해서는 독자들의 생각에 도움이 되고자 몇 가지 연구 사례들을 제시하였다.

#2 혁신주체 간의 정보와 의미는 어떻게 전달되고 내재화 되는 것일까?

아래와 같은 저자의 연구사례를 살펴보고 위 질문에 대하여 다시 생각해보도록 하자.

주체 간의 상호작용 과정에 대한 연구는 사회학 분야의 대가인 루만(Niklas Luhmann)[41]의 연구를 기점으로 큰 변화를 맞았다. 상호작용에 대한 그의 연구를 살펴보려면 먼저 체제에 대한 그의 이론을 이해하여야 한다. 기존까지의 체제에 대한 연구들은 탤컷 파슨스(Talcott Parsons)[42]의 이론을 기반으로 하위 체제들이 어떠한 기능을 하여 전체 체제(사회)에 기여하는지에 대하여 집중하고 있었다[43]. 즉, 전체 체제의 구조는 정태적으로 주어진 것이며, 이는 이를 구성하고 있는 하위 체제들의 기능들이 집합을 이루어 유지된다는 것이다.

하지만, 루만은 기존의 동태적 체제 이론에서는 하위 체제들이 따를 수밖에 없는 규범이 존재하기 때문에 체제가 기능에 앞서게 되지만, 실제로는 "스스로를 생산하고 재생산하는 체제들이 존재한다."[41]고 주장하면서 기능이 체제에 앞서서 작동한다고 설명하였다. 또한, 그는 모든 체제들은 스스로 끊임없이 조직화하고 규범을 생성하는 등의 '자가 생산(autopoiesis)'을 할 뿐만 아니라 외부와의 접촉, 교환 등의 상호작용을 통하여 동태적으로 발전해나가는데, 여기서 상호작용은 의미를 뜻한다고 설명하였다.

즉, 모든 체제들은 전체로부터 주어진 특정 의미의 공유에 의해서 개인적인 연결망을 이룬 정태적인 모습이 아니라, 체제 간의 끊임없는 의미 전달, 커뮤니케이션을 통하여 자가 생산 방식으로 발전해나간 다는 것이다.

루만은 커뮤니케이션(상호작용)은 의미를 선택하는 과정이라고 정의하였으며 이를 정보의 선택, 전달의 선택, 수용/이해의 선택으로 구성된다고 설명하였다. 즉, 정보의 선택 단계를 살펴보면 정보의 전달자는 모든 정보를 습득할 수 없고 일부의 정보를 선택하게 된다는 것이며, 이는 모든 정보를 받아들이지 않고 선택한다는 뜻일 뿐만 아니라 그 의미를 선택적으로 받아들인다는 것이다. 전달의 선택 단계에서도 송신자는 상대에게 어떠한 정보를 전달할지 선택하게 되며, 수용/이해의 단계에서는 이미 수신자가 '송신자를 통해 들어온 정보는 선별되어진 것'이라는 것을 알고 있으며, 수신자 마다 정보를 받아들이는 능력과 이를 바라보는 시선은 다르기 때문에 선택적으로 정보를 수용하고 이해하게 된다는 것이다.

루만은 "커뮤니케이션은 정보와 전달 사이에는 차이가 있고 이해되어지는 것"[41]이라고 말하였으며, 베이트슨(Gregory Bateson)은 "다름을 만드는 차이가 정보다(informaion is a difference which makes a difference)."[44]라는 유명한 문구로 정보의 의미론적인 정의를 구체화하였다. 즉, 상호작용에서의 선택과 차이에 따라 필연적으로 복잡성 또는 불확실성이 발생하게 된다는 것이다. 즉, 상호작용에서의 선택과 차이에 따라 필연적으로 복잡성 또는 불확실성이 발생하게 된다는 것이다. 루만은 이에 대해 "불확실성만큼 확실한 것은 없다"[41]라고 말하면서 상호작용에서의 차이로 발생하는 불확실성에 대하여 "태초에 동일성이 아닌 차이가 존재한다. 이것만이 우연들에 정보량을 부여하여 그것으로 질서를 형성할 수 있도록 해준다. 왜냐하면 정보는 하나의 사건의 다름이 아니며, 하나의 사건은 차이들의 연결에 영향을 주기 때문이다. 이는 하나의 다름을 만드는 하나의 차이이다."[41,45]라고 설명하였다.

정리하자면 상호작용은 전달자, 수용자 간에 정보의 의미를 일치시키는 상호양해 또는 합의의 과정이 아니라, 불확실성을 기반으로 주체 간의 반복적인(recursive) 정보의 전달, 수신, 이해의 단계를 통하여 정보의 의미를 파악해 나간다는 것이다. 또한, 이러한 과정에서 정보를 전달하는 주체와 정보를 수신하는 주체가 가지고 있는 역량, 시선 등의 차이로 재해석된 의미를 기반으로 서로 다른 주체가 새로운 지식을 창출하는 공진화 현상(co-evolution)이 일어나는 것이다.

〈출처 : 이영훈 (2010)[46], 19~21〉

#3 트리플헬릭스 모형은 왜 나선형일까?

본서 2장에서 설명한바와 같이 칼 포퍼는 과학기술이 선형적으로 진보 또는 진화에 나간다고 주장한 반면, 토마스 쿤은 과학혁명의 구조를 통하여 패러다임 전환을 통하여 과학이 항상 진보하는 것만은 아니라고 설명하였다. 즉, 패러다임 전환의 모습을 단편적으로만 들여다보면 과학기술을 진보되었다가 다시 되돌아가는 덧없는 순환으로 인식할 수 있다. 하지만, 장하석 교수는 이러한 현상에 대하여 다음과 같이 설명하고 있다.

자연을 탐구하는 과정은 어떤 주어진 기준을 기반으로 이루어집니다. (중략)... 기준 자체도 비판의 대상이 되고 개선할 수 있고 완벽하지 못합니다. 그러나 완벽한 기준이 나올 때까지 기다린다면 아무 일도 할 수 없습니다. 불완전하리라는 것을 알면서도 탐구하고, 이미 갖추어진 기준에 의존하여 시작하는 것입니다. 그렇게 탐구를 시작하여 결과가 잘 나오면, 그 탐구의 시발점이 된 기준도 재검토할 수 있습니다. 그렇게 해서 원래의 기준을 수정하고 정제합니다. (중략)... 인식적 반복이란 처음에 믿고 시작한 전제들을 단순히 유지하고 되풀이하는 것이 아니라, 매 단계에서 재검토하며 지식을 쌓고 개선하는 과정을 되풀이한다는 뜻입니다.

이러한 인식과정을 통해 지식이 발달하는 과정을 좀 더 기하학적으로 비유하자면, 나선(helix) 형태입니다. 나선은 동그랗게 돌아와서 계속 같은 점으로 돌아오는데 한 번 돌아올 때 마다 더 높아집니다. 이것이 덧없는 순환논리로밖에 해석되지 않는다면, 그것은 우리의 관점이 '지식의 완벽한 정당화'라는 비현실적이고 환상적인 요구에 사로잡혀 있기 때문입니다. 무한히 높은 꼭대기에서 내려다보기 때문에 나선이 그냥 원으로밖에 안 보이는 것입니다. 그 높은 곳에서 내려와서, 옆에서 나선형을 보면 위로 올라가는 모습이 확실히 보입니다. (중략)... 지식이 완벽할 수 없다는 것을 받아들이면 그 완벽하지 않은 지식을 우리가 어떻게 개선할 수 있는가, 그것도 보입니다. 〈출처 : 장하석(2015)[47], 115~116〉

그림 28 과학기술의 나선형 발전과정

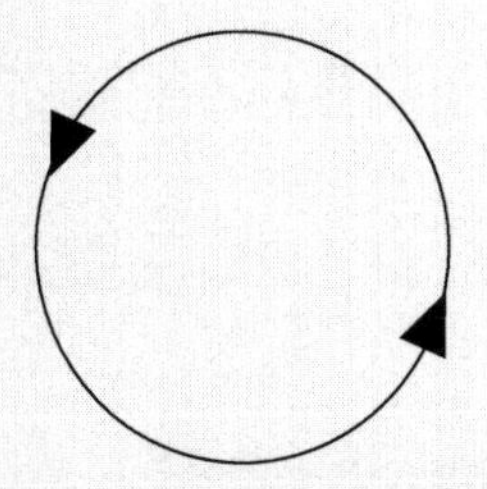

과학기술의 진보 과정을 꼭대기에서 내려다 본 모습

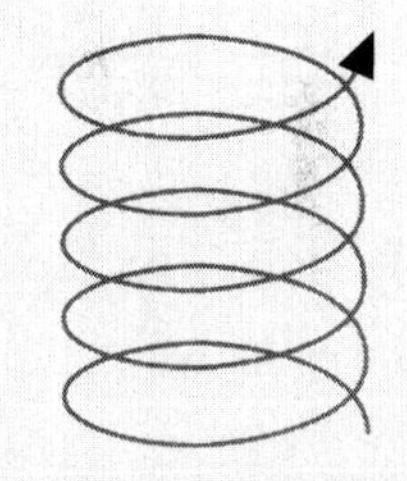

나선 형태의 과학기술 진보 과정

〈출처 : 장하석(2015)[47] 재수정〉

이와 같은 관점에서 트리플헬릭스 모형에서의 산-학-관 상호작용을 통한 혁신의 과정도 나선형 모형으로 발전해 나가는 것으로 이해할 수 있을 것이다.

#4 트리플헬릭스 모형의 발전 방향은?

트리플헬릭스 모형은 주창자인 에츠코비츠의 기업가적 대학을 기반으로 확장되었기 때문에 대학 관점에서 바라본 다른 혁신 주체와의 상호작용의 관점으로 주로 논의되어왔다. 즉, 대학 관점에서의 개방형 혁신인 지식생산양식 모드 2의 이론이 적용된 형태와 기존의 혁신체제에서 다루던 시스템의 네트워크를 보다 상호작용 중심으로 바라보는 방법으로 발전되어 온 것이다. 이로 인하여 트리플헬릭스 모형에서의 산-학-관 모형은 기술혁신의 원천이 기술 발전에 따른 것이라는 기술주도 관점에서만 논의되는 한계를 가진다.

최근에는 시장과 시민의 수요가 기술혁신의 원천이라는 수요견인 모형을 반영하여, 기존의 트리플헬릭스 모형의 주체인 산, 학, 관 외에 시민(citizen) 또는 사용자(user)을 추가한 쿼드러플헬릭스(quadruple helix, QH) 모형이 제시되었다. 쿼드러플헬릭스 모형은 주로 유럽에서 많이 활용되고 있는데, 이는 리빙랩(Living lab)이 주로 유럽에 분포한 것과 일맥상통하는 부분이다.

탈추격 혁신을 추진하는 과정에서 사용자의 니즈와 사회적 수용성에 대한 정확한 이해가 중요해지면서 사용자 참여형 혁신이 중요해지고 있다. “리빙랩은 혁신과정에 사용자가 적극적으로 참여하고, 이들의 관점을 충실히 반영하도록 구축된 사용자 주도의 개방형 혁신 생태계"[48]로서, "실제 생활 현장에서 사용자와 생산자가 공동으로 혁신을 만들어가는 실험실이자 테스트 베드로서의 의미를 지닌다."[48]

이에 따라 유럽에서는 주도자 관점에 따라 4개의 쿼드러플헬릭스 모형을 제시하고 있다[49]. 첫 번째는 트리플헬릭스에 사용자가 참여하는 모형(TH + users)으로서 기술 활동의 주목적은 상업적으로 성공할 수 있는 하이테크 제품과 서비스 생산에 있다. 두 번째는 기업 중심 리빙랩(The firm-centred living lab)으로서 기술활동의 주목적은 기업과 기업의 고객과 관련된 제품과 서비스 생산에 있다. 세 번째는 공공 중심 리빙랩(The public-sector-centred living lab)으로서 기술 활동의 주목적은 공공단체와 공공서비스의 사용자를 위한 제품과 서비스를 생산에 있다. 마지막은 시민중심 모형(Citizen-centred QH)으로서 기술 활동의 주목적은 시민을 위한 제품과 서비스 생산에 있다.

이와 같이 트리플헬릭스는 기존의 혁신주체 외의 주체를 포함함으로써 N-헬릭스로 발전해 나갈 수 있다.

제3장의 참고문헌

1. Bush, V. (1945). Science, the endless frontier: A report to the Presiden t. US Govt. print. off.
2. Solow, R. M. (1957). Technical change and the aggregate production f unction. The review of Economics and Statistics, 39(3), 312-320.
3. Stoneman, P. (1987). The economic analysis of technology policy. Oxf ord: Clarendon Press.
4. Mowery, D. C. (1994). Science and technology policy in interdependent economies. Springer Science & Business Media.
5. 미래창조과학부 (2013). 국가연구개발사업 표준성과지표(개정) 성과목표 지표 설정 가이드라인.
6. 엄익천 (2010). 년도 정부연구개발예산. 기금 현황분석", 한국과학기술기획평가원.
7. 류호상 (2002). 연구개발 (R&D) 촉진을 위한 정부의 역할과 지원행정체제 구축방안에 관한 연구. 한국정책연구, 2, 35-52.
8. 박동규·전한수·이호·석영철·김윤경·배도용 (2000). 국가 산업기술정책 동향 및 기술개발 지원제도의 선진화. 과학기술정책연구원 정책연구, 1-264.
9. OECD. (1998). New rationale and approaches in technology and innov ation policy: OECD Publishing.
10. 최영애 (2008). 국가연구개발사업의 기술이전 활성화를 위한 법제도 개선방안에 관한 연구. 박사학위 논문. 연세대학교.
11. Rasmussen, E. (2008). Government instruments to support the comme rcialization of university research: Lessons from Canada. Technov ation, 28(8), 506-517.
12. Slaughter, S., & Leslie, L. L. (1997). Academic capitalism: Politics, pol icies, and the entrepreneurial university: ERIC.
13. Etzkowitz, H. (2003). Innovation in innovation: The triple helix of uni versity-industry-government relations. Social science information, 42(3), 293-337.
14. Ylijoki, O.-H. (2003). Entangled in academic capitalism? A case-study on changing ideals and practices of university research. Higher E ducation, 45(3), 307-335.
15. Utterback, J. M., &Abernathy, W. J. (1975). A dynamic model of proc ess and product innovation. Omega, 3(6), 639-656.
16. 송위진, 성지은, 김연철, 황혜란, & 정재용. (2006). 탈추격형 기술혁신체제의 모색. 정책연구, 1-530.
17. 황혜란, 정재용, & 송위진. (2012). 탈추격 연구의 이론적 지향성 및 과제. 기술혁신연구, 20(1), 75-114.
18. 산업자원부 (1998). 공업기반기술개발사업 10년 성과분석 및 개선방안 수립연

구.
19. 한국산업기술평가원 (2007). 산업기술개발사업 20년.
20. 이근 (2006). 기술경제학의 다양한 접근을 종합한 기술추격론의 재구성. 과학기술정책연구원 정책자료, 1-69.
21. Lee, K. (2005). Making a Technological Catch-up: Barriers and opportunities. Asian Journal of Technology Innovation, 13(2), 97-131.
22. Gibbons, M. (Ed.). (1994). The new production of knowledge: The dynamics of science and research in contemporary societies. Sage.
23. 정상기 (2009). 주요 과학기술분야별 상시 환경 모니터링을 통한 심층 동향 조사·분석 연구. 한국과학기술기획평가원.
24. Freeman, C. (1987). Technology policy and economic performance: lessons from Japan.
25. Lundvall, B.-A. (1992). National innovation system: towards a theory of innovation and interactive learning. Pinter, London.
26. Neef, D., Siesfeld, G. A., & Cefola, J. (1998). The economic impact of knowledge: Routledge.
27. 이공래 (1996). 국가혁신체제의 구성요소. 과학기술정책(88), 53-67.
28.. 구영우·조성복·민완기 (2012). 혁신체제론의 진화 및 주요 논점. 기술혁신학회지, 15(2), 225-241.
29. Betz, F. (2010). Managing science: Methodology and organization of research. Springer Science & Business Media.
30. Patel, P. (1994). The nature and economic importance of national innovation systems. STI review, 14, 9-32.
31. 구영우·조성복·민완기 (2012). 혁신체제론의 진화 및 주요 논점. 기술혁신학회지, 15(2), 225-241.
32. Betz, F. (2003). Managing technological innovation: competitive advantage from change: John Wiley & Sons.
33. OECD. (1997). National Innovation Systems: OECD Publishing.
34. Nelson, R. R., & Rosenberg, N. (1993). Technical innovation and national systems. National innovation systems: a comparative analysis. Oxford University Press, Oxford, 1-18.
35. Etzkowitz, H., & Leydesdorff, L. (2000). The dynamics of innovation: from National Systems and "Mode 2" to a Triple Helix of university-industry-government relations. Research Policy, 29(2), 109-123.
36. Wagner, C. S. (2009). The new invisible college: Science for development: Brookings Institution Press.
37. Zuccala, A. (2006). Modeling the invisible college. Journal of the American Society for Information Science and Technology, 57(2), 152-168.
38. Leydesdorff, L. (2003). The mutual information of university-industry-government relations: An indicator of the Triple Helix dynamics. Scientometrics, 58(2), 445-467.
39. 박한우·김완종 (2010). 지식기반 사회에서 트리플헬릭스 모델을 이용한 지식생

산. KISTE 지식리포트.
40. Leydesdorff, L. (2006). The knowledge-based economy: Modeled, measured, simulated: Universal-Publishers.
41. Luhmann, N. (1984). Soziale systeme: Suhrkamp Frankfurt am Main.
42. Parsons, T. (1937). The structure of social action (Vol. 491).
43. 김종길 (2014). 국내 인문 · 사회과학계의 니클라스 루만 연구. 사회와이론, 25, 111-152.
44 Bateson, G. (1972). Steps to an ecology of mind: Collected essays in anthropology, psychiatry, evolution, and epistemology: University of Chicago Press.
45. 송해룡·김경희 (2012). '위험'에 관한 인문학적 고찰. 헤세연구, 27, 187-202.
46. 이영훈. (2016). 국가 연구개발 네트워크의 상호작용에 관한연구. 박사학위 논문. 고려대학교.
47. 장하석. (2015). 장하석의 과학, 철학을 만나다. 지식플러스.
48. 성지은, & 박인용. (2015). 사용자 주도형 혁신 모델로서 ICT 리빙랩 사례 분석과 시사점. 과학기술학연구, 15(1), 245-279.
49. Arnkil, R., Järvensivu, A., Koski, P., & Piirainen, T. (2010). Exploring quadruple helix outlining user-oriented innovation models.

4

과학, 기술, 혁신, 정책의 이론과 적용에 대한 고민

제4장

과학기술혁신정책 관련 사례연구

본 장에서는 최근 뉴스, 논문, 보고서 등에서 다루고 있는 과학, 기술, 혁신, 정책 관련 쟁점 사례를 통하여 인사이트(insight)를 제공하고자 한다. 독자에게 생각할 수 있는 기회를 제공하고자 참고 문헌에서 다루고 있는 이슈와 쟁점들을 최대한 그대로 인용하였고, 각 사례연구의 서두와 말미에 이론과 쟁점에 대한 저자의 생각을 일부 제시하였다. 관련 주제와 쟁점에 대하여 보다 상세히 연구하고자 하는 독자들은 참고 문헌을 직접 찾아서 읽어보길 권장하는 바이다.

파괴적 혁신의 오해와 한계에 대하여

최근 언론 매체뿐만 아니라 일부 연구에서도 '파괴적 혁신(disruptive innovation)'을 오용하는 사례가 늘어나고 있다. 내용을 살펴보면 모두들 혁신을 더 강조하기 위하여 혁신이라는 단어 앞에 '파괴적'이라는 형용사를 사용하고 있는 사례가 대부분이다. 과연 혁신이란 단어만으로는 부족한 것일까? 혁신을 수행하는 주체나 이를 분석하는 연구자들이나 강한 표현을 통해 주목을 받고 싶을 뿐, 진정 혁신을 위해 고민하고 있는 것인지 의심스럽다.

이러한 오용에 대하여 파괴적 혁신을 제창하였던 크리스텐센(Clayton N. Christensen) 교수는 2015년 『하버드 비즈니스 리뷰(Havard Business Review)』를 통하여 파괴적 혁신의 오용을 아래와 같이 지적하고 있다[1]. 1995년 처음 소개되었던 파괴적 혁신은 많은 기업들의 사례를 통하여 혁신 주도 성장을 위한 강력한 사고의 수단으로 증명되어 왔지만, 안타깝게도 파괴적 혁신 이론은 자신의 성공으로 인한 희생양이 되고 말았다. 많은 파급 사례를 낳았음에도 불구하고 파괴적 혁신을 잘못 적용하고 있으며, 많은 연구자 또는 컨설턴트들이 업계가 재편되고 기존의 성공을 거두던 기업이 쓰러지는 모든 상황에 파괴적 혁신이라는 단어를 사용하고 있다. 이로 인하여 기업의 경쟁 패턴을 바꾸는 돌파구 모두를 파괴적 혁신이라고 칭하는 문제가 야기되고 있고, 이 때문에 정확한 성공 전략을 분석하지 못하고 실제 사례에 적용하는 데 한계를 낳고 있다. 또한, 연구와 경험을 적절하지 못한 이론이나 전략과 통합하여 사용한다면, 성공의 기회를 반감시키거나 이론의 유용성을 약화시키는 것이다.

그림 29 파괴적 혁신의 오용 사례들

[2016 서울미래컨퍼런스] "파괴적 혁신 위해 가지 않은 길 가는 개척
서울신문 | 2면1단 | 3일 전 | 네이버뉴스
기술 진보의 속도가 지금까지 경험하지 못한 속도로 빨라지고 있으며 모든
등 전체 시스템을 바꾸는 파괴적 혁신이 이뤄지기 때문에 자칫 한눈을 팔면

다보스포럼 회장, 창조경제혁신센터 방문, 갈탄사 연
이데일리 | A2면1단 | 1일 전 | 네이버뉴스
생태계에서 파괴적이고 혁신적인 사업모델이나 제품들이
일이며" "이번 행사가 진취적인 도전의식을 고취하는 기회
슈밥 회장은 18일에는 국회...

서울창조경제혁신센터, 클라우스 슈밥 초청 간담회 개
아주경제 | 1일 전
생태계에서 파괴적이고 혁신적 인 사업모델이나 제품들이
일"이라며 "국민 누구나 관심을 가져야 하는 4차 산업혁명
특히 청년들의 관심을 높이는 한편...

UNIST-울산시, 파괴적 혁신 4차 산업혁명 논의
헤럴드경제 | 5일 전 | 네이버뉴스
미래산업혁신포럼 in ULSAN'이 UNIST에서 열렸다. 이번
세계경제포럼과 UNIST의 협력을 다짐하는 첫 번째 행사
미래산업혁신포럼 in ULSAN'을 13일...

[비즈 칼럼] 파괴적 혁신 '우버'의 서비스를 주목하자
중앙일보 | E8면1단 | 5일 전 | 네이버뉴스
최근 미국의 경제전문매체인 CNBC는 4차 산업혁명을 이
비앤비를 1위와 2위로 선정했다. 이중 주목되는 것은 세계
버'이다. 이들이 가진 것은 상상력과...

삼성전자, 혁신의 아이콘과 기술의 완성체로 거듭나야 초이스경제
이미 스마트폰은 시장 파괴적인 혁신보다 점진적인 혁신이 주도하는 형태로
정착해도 걸맞은 운용 시스템을 갖추지 못한다면 언제든 시장의 패자로 물아

삼성전자, 파괴적 혁신에 해답-신한투자 뉴스토마토 | 2016.10.10.
신한금융투자는 삼성전자(005930)에 대해 갤럭시노트7 판매 불확실성에도 견
선이 정답인 상황이라고 10일 분석했다. 투자의견은 '매수', 목표주가는 200

朴대통령 "'파괴적 혁신' 수준 규제개혁으로 신산업 창출할 것"
머니투데이 | 2016.08.15. | 네이버뉴스
[[the300]] 박근혜 대통령은 15일 오전 서울 종로구 세종문화회관에서 열린 제71회
혁신과 '파괴적 혁신' 수준의 과감한 규제개혁을 통해 기업들이 자신감을 갖고 신산
[속보] 박근혜 대통령 "신산업 창출… 이투데이 | 2016.08.15.

朴대통령 "신산업규제, 화끈하게 세계가 놀랄 파괴적 혁신 이
뉴스1 | 2016.05.18. | 네이버뉴스
기자 =박근혜 대통령은 18일 "신산업 분야에 대해서는 화끈하게
짝 놀랄만한 '파괴적 혁신' 수준의 규제개선을 이뤄달라"고 당부했
후 청와대에서 제5차 규제개혁장관회의...
박근혜 대통령, "신산업 분야 화끈하… 아주경제 | 2016.05.18.
"신산업 규제, 화끈하게 풀어야" 국방일보 | 2016.05.18.
[규제개혁장관회의] "신산업 분야 화… 파이낸셜뉴스 | 2016.0
관련뉴스 4건 전체보기›

규제개혁장관회의…"파괴적 혁신 수준 규제개선" KTV국민방

[기자 24시] CES 2016 '파괴적 혁신' 선전포고
매일경제 | A34면2단 | 2016.01.11. | 네이버뉴스
CES 2016은 스타트업뿐만 아니라 인텔, 도요타 등 글로벌 강자도 파괴적 혁신의 대열에 동참을 선언한 것이 특징이다. 인텔은 이번 행사 직전 드론 회사를 인수, 전시하는 등 파괴적 혁신을 주도하겠다는 의지를...

[실감현장] CES의 변화가 말해주는 것 아시아경제 | 2016.01.08. | 네이버뉴스
가전의 한계 뛰어넘은 파괴적 혁신의 CES [최근 개봉한 스타워즈 시리즈 '깨어난 포스'의 새로운 로봇 'BB-8'이 세계 최대 가전 전시회인 'CES2016'에 등장했다. 벤처기업 스페로는 손목 밴드를 통해 손동작만으로 BB-8을...

올해 CES 특징은, 패션·금융사 가세…영역파괴 바람 매일경제 | 2016.01.08. | 네이버뉴스
◆ 2016 CES 세계최대 美가전쇼 6일 개막 ◆ 6일(이하 현지시간) 개막하는 세계 최대 가전전시회 'CES 2016'이 파괴적 혁신의 장이 될 전망이다. 산업계 경쟁 구도 자체를 바꿔 놨던 아이폰 출시 10주년을 맞아 또 다른 방식의...

[한-김준엽] 파괴적 혁신에 예외는 없다
국민일보 | 14면 | 2016.01.22. | 네이버뉴스
국제전자제품박람회(CES)가 열리고 있던 지난 7일 미국 라스베이거스는 하루 종일 비가 내렸다.... 파괴적 혁신(disruptive innovation)도 애플되는 말이었다. 기존 산업의 파괴 내지는 붕괴가 진행되고 있다는 의미다. 우버가...

〈출처 : 네이버 뉴스 검색〉

파괴적 혁신에는 로우엔드(low end) 파괴적 혁신과 신시장 파괴적 혁신 두 가지 유형이 있다. 먼저 로우엔드 파괴적 혁신을 살펴보자.

기존 기업들은 제품이나 서비스의 성능을 지속적으로 발전시킴으로써 시장을 지속적으로 점유하는데, 일정 시점 이후에는 소비자가 원하는 수준 이상으로 성능이나 스펙이 높아져 소비자가 받아들이기 힘든 고기능, 고품질의 제품이나 서비스가 출현하게 된다. 이는 수익성이 크고 요구수준이 높은 고객층만을 타겟으로 고기능화와 고품질화 전략에만 몰두하여 제품이나 서비스에 대한 성능 요구수준이 낮은 고객층을 간과하게 되기 때문이다. 이에 따라 성능 요구수준이 상대적으로 낮은 고객층을 공략하는 파괴 기업(disruptor)이 생겨나게 되는 것이다. 파괴 기업은 소비자가 '충분히 쓸만한(good enough)' 제품을 공급하는 것에 먼저 집중함으로써, 보다 낮은 가격으로 시장에 진입하게 되는 것이다. "기존 상품과 서비스의 지나치게 복잡한 기술, 비싼 가격, 접근의 한계, 긴 소요 시간으로 인한 소비자의 제한으로 인해 등장하는 파괴적 혁신은 소비자가 필요로 하는 효용을 제공하면서도 기존 기업 대비 확실한 우위 요소를 갖고 있는 것이 특징이다."[2]

파괴적 혁신의 다른 유형으로는 신시장 파괴적 혁신이 있다. 시간이 흐르면서 기존 시장의 고객들의 가치 기준은 변화하게 되며, 이러한 변화되는 가치기준에 맞는 기술을 통해 고객을 만족시키는 파괴적인 혁신도 발생한다. 가치의 기준이 변화하면서 기존 기업이 보유한 제품과 서비스로도 만족시킬 수 없는 새로운 가치기준이 시장에서 발생하게 되는데, 크리스텐슨은 이를 비소비라고 정의하면서 비소비를 소비 상태로 바꾸는 혁신이 발생한다고 주장하고 있다.[3]

크리스텐센 교수는 『하바드 비즈니스 리뷰』에서 '우버(Uber)는 파괴적 혁신 사례인가?'[4] 라는 질문을 통하여 파괴적 혁신의 오용 사례를 구체적으로 제시하고 있다.

만일 우버가 파괴적 혁신 사례라면, 앞에서 살펴보았듯이 파괴적 혁신의 이론에 따르면 우버는 로우엔드 파괴적 혁신 또는 신시장 파괴적 혁신 중 하나이어야 한다. 그러나 우버는 두 가지 혁신 유형 어느 쪽에도 속하지 않는다. 우버는 진입 초기에 저가의 제품과 서비스로 성능 요구 수준이 상대적으로 낮은 고객층을 공략하였다고 할 수 없는데, 이는 기존 기업의 택시 서비스가 고객의 요구 수준을 초과할 만큼 편리성과 접근성이 뛰어났던 것은 아니기 때문이다. 또한, 우버는 기존에 택시를 이용하지 않고 대중교통이나 자가용만을 사용하는 비소비층을 공략한 신시장 파괴를 시도한 것도 아니다. 실제 우버는 택시 서비스 이용이 활발하였던 샌프란시스코에 먼저 진입하였으며, 우버의 고객들 대부분은 기존 택시 서비스를 자주 활용하던 사람들이였다는 것이다. 즉, "우버는 먼저 주류 시장에서 입지를 구축하고 나서 이제까지 간과됐던 고객층에 어필하는 방식으로 정반대의 길을 걸었다."[4]

크리스텐센은 아래와 같이 혁신이론을 오용함으로써 생길 수 있는 위험을 제시하면서, 더 나아가 파괴적 혁신 이론의 오용은 "파괴하지 못하면 파괴당한다."[4]와 같은 주문으로 우리를 잘못 이끌 수 있다고 경고하고 있다.

모든 비즈니스의 성공을 '파괴'라고 부른다면 매우 상이한 방법으로 최고의 위치에 오른 기업들이 성공을 위한 공동적 전략에 대한 통찰을 얻을 수 있는 원천으로 간주될 것이며, 이는 경영자들이 서로 모순되고 따라서 원하는 결과를 얻을 가능성이 낮은 시도들을 짜맞출 확률이 매우 커지는 위험을 초래한다.

〈출처 : Christensen, C. M., Raynor, M. E., & McDonald, R. (2015)[4], 54〉

한편, 앤드루(Andrew A. King)와 바타토그토크(Baljir Baatartogtokh)는 『MIT Slon Management Review』[5]를 통하여 파괴적 혁신 이론이 널리 사용되고 있음에도 불구하고 학술적으로 검증된 적이 거의 없었다고 비판하고 있다.

그들은 전문가 설문 및 면접 조사를 통하여 기존에 크리스텐센 교수가 제시한 파괴적 혁신의 77개 사례가 파괴적 혁신 이론의 조건에 얼마나 부합하는지를 분석하였다. 먼저 그들은 파괴적 혁신으로 분류될 수 있는 핵심 조건 4개를 도출하였다. 첫 번째 조건은 '기존 기업은 존속적 혁신의 궤적을 따라 발전한다.'는 것이며, 두 번째 조건은 '기존 기업은 고객의 필요를 초과한다.'는 것이다. 세 번째 조건은 '기존 기업은 파괴적 혁신에 효과적으로 대응할 수 있는 역량을 가지고 있다.'는 것이며, 마지막 조건은 '파괴적 혁신으로 인하여 기존 기업이 곤경에 처한다.'는 것이다.

분석 결과 기존 기업이 존속적 혁신의 궤적을 따라 발전하는 첫 번째 조건에 해당되는 사례는 69%, 기존 기업이 고객의 필요를 초과하는 두 번째 조건 사례는 22%, 기존 기업이 대응할 역량을 가지고 있는 세 번째 조건 사례는 61%, 기존 기업이 곤경에 처한다는 네 번째 조건 사례는 62%로 조사되었다. 또한, 파괴적 혁신의 네 가지 조건에 모두 해당하는 사례는 9% 밖에 되지 않는다고 제시하였다.

그들은 크리스텐센의 파괴적 혁신에 대한 최초 연구가 주로 1970년대와 1980년대의 하드디스크 드라이브와 폴라로이드 사례에 의존하고 있으며, 이후 학술적 검증이 제대로 이루어지지 못했다고 주장하고 있다. 또한, 크리스텐센이 주장한 완전한 파괴는 극히 드물며 대부분의 기존 기업들이 파괴적 혁신으로 간주될 수 있는 진입 시도에 대해 충분히 잘 대응하고 있다고 제시하고 있다. 즉, 그들은 파괴적 혁신 이론은 예측보다는 경고로서 활용해야 한다고 주장하면서, 다음과 같이 파괴적 혁신 이론의 한계와 사용법을 권고하고 있다.

이 이론은 잘 기능하지 않았거나 실패한 사례에 대한 예시이지 평균적인 기업이 어떻게 하고 있는지에 대한 설명이 아니므로, 대부분의 기업이 밟아가는 경로를 예측하는 용도로 쓰일 수는 없다. 요약하자면, 파괴적 혁신에 대한 이야기는 일어날지 모르는 일에 대한 경고로서는 훌륭하지만, 그것이 비판적 사고를 대신할 수는 없다. 고차원적 이론은 경영자에게 용기를 주지만 이것이 신중한 분석과 어려운 의사결정을 대신할 수는 없다.

〈출처 : King, A. A., & Baatartogtokh, B. (2015)[6]〉

위에서 살펴본 혁신이론에 대한 오용과 과대평가 사례는 몇 편의 문헌만을 활용하는데 그쳐, 저자가 말하고자 하는 것을 모두 설명하는 데는 한계가 있는 것이 사실이다. 하지만, 본 사례를 통하여 과학기술혁신정책 관련 연구자들이 주의하여야 할 점을 아래와 같이 제시함으로써, 독자들이 고민할 수 있는 단초를 제공하고자 하였다.

첫째, 강의, 교재, 논문, 보고서, 뉴스 등으로부터 처음 접한 이론에 대하여 특정 문헌을 통하여 그 이론 전체를 이해했다고 생각해서는 안 된다. 또한, 많은 사람들이 생각하고 사용하는 방식 그대로 해당 이론을 이해하고 사용해서는 안 된다. 반드시 해당 이론을 주장한 연구자의 원문과 이후 그가 수정한 이론들을 살펴보고, 그 이론에 대하여 정확히 이해하고 오용하지 않도록 주의하여야 한다. 둘째, 해당 이론을 둘러싼 이슈와 논쟁에 대한 문헌 등을 찾아 해당 이론을 과대평가하지 않도록 주의하여야 한다. 처음 제시된 이론은 추가적인 연구를 통하여 발전 또는 확장되기도 하지만, 한계에 대한 연구가 제시되면서 많은 논쟁과 이슈도 함께 발생하기 때문이다. 이러한 이론과 논쟁에 대한 적절한 이해는 실제 과학기술혁신 사례에서의 활용과 해석에 있어서 적절한 이론을 선택하게 해줄 뿐만 아니라, 향후 과학기술혁신 이론의 추가 또는 확장 연구에 도움이 될 수 있다.

혁신생태계에서의 수요견인에 대하여

기술혁신이 경제성장의 핵심 동인으로 인식됨에 따라 기술혁신 모형에 대한 연구가 활발히 이루어졌으며, 몇 개의 기술혁신 모형들은 학계에서의 이론으로서뿐만 아니라 정부 및 기업의 실무에서도 널리 사용되고 있다. 특히 혁신 프로세스에 대한 이론은 1970년대부터 등장하여 사용자, 제조자, 공급자의 입장에서의 혁신 과정과 기술 확산 등을 이해하기 쉽게 설명하고 있다. 한편 몇몇 학자들은 '혁신은 어디서 오는가?'라는 혁신의 원천에 대한 궁금증을 가지기 시작하였고, 이에 대한 연구를 통하여 혁신은 기술로부터 나온다는 기술주도 모형, 혁신은 수요로부터 나온다는 수요견인 모형이 제시되었다. 1980년대에는 R&D, 제조, 마케팅, 수요 간의 연계를 통하여 혁신이 발생한다는 상호연계 모형이 제시되어 왔다.

앞에서도 언급하였듯이 혁신생태계란 혁신주체들 간의 상호작용을 통하여 지식을 창출하고 확산하는 동태적인 네트워크를 말한다. 왕(Ping Wang)[7]과 잭슨(Deborah J. Jackson)[8]은 각자의 논문을 통하여 혁신생태계는 공급측(supply side)과 수요측(demand side)으로 구성된다고 주장하였다. 왕은 공급측과 수요측의 균형이 혁신 창출에 핵심 요인이라고 하면서, [그림 30]과 같이 공급측은 기업, 대학, 정부, 벤처캐피탈 등으로 구성되어 있으며, 수요측은 사용자, 미디어, 대학, 컨설턴트 등으로 이루어져 있다고 설명하였다.

그림 30 혁신 생태계

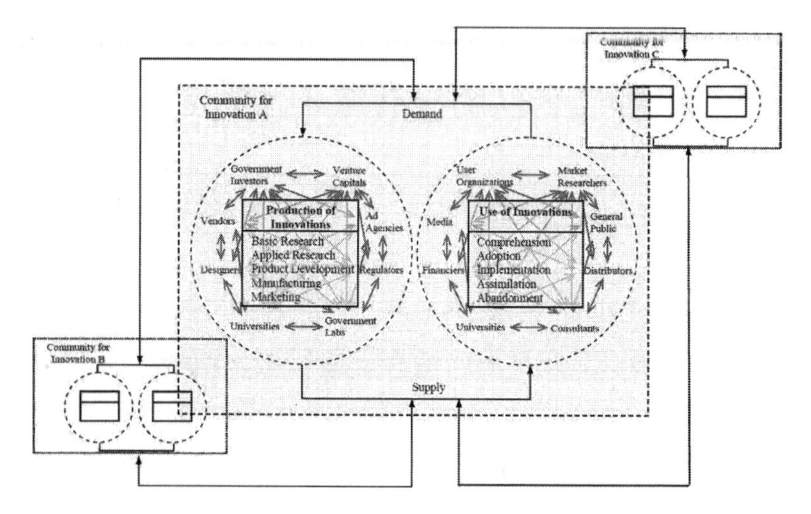

〈출처 : Wang, P. (2009)[7]〉

최근에는 충분한 기능 조직을 가지고 있는 기업이라고 할지라도 홀로 혁신적인 제품이나 서비스를 생산하는 일은 극히 드물게 나타나고 있다. 이는 기술의 융합도와 복잡도가 증가함에 따라 혁신생태계 다양한 혁신주체 간의 상호작용이 혁신 창출의 필수적인 요소로 자리매김하였기 때문이다. 아드너(Ron Adner)[9]가 혁신생태계에서의 이슈는 그 경계를 설정하는 것이라고 제시하였듯이, 혁신은 수많은 혁신주체 간의 상호작용으로 나타나며, 그 경계가 점점 모호해지고 있다.

그렇다면 실제로도 왕의 모형처럼 수요측과 공급측이 명확하게 구분될 수 있을까? 20세기 혁신의 아이콘인 애플(Apple) 아이폰(iPhone)의 등장 사례를 들어 알아보도록 하자.

스티브 잡스(Steve Jobs)는 인터뷰를 통하여 "포커스 그룹을 통해 제품을 개발하는 것은 매우 어려운 일이며, 대부분의 사람들은 제품을 보기 전까지 무엇이 필요한지조차 모른다."[10]고 말 했는데, 이 인터뷰는 많은 연구자들이 기술주도 모형을 뒷받침하기 위한 사례로 널리 사용되고 있다. 하지만, 애플 아이폰의 성공 사례가 과연 기술주도만에 의한 것인지 구체적으로 살펴볼 필요가 있다.

아이폰의 멀티터치 기술은 핑거웍스(FingerWorks)사, 마이크로 프로세서는 PA세미(P.A. SEMI)사를 인수함으로써 완성되었으며, 아이튠즈(iTunes)의 개발은 사운드잼 MP(SoundJam MP)사를 인수함으로써 가능하였다. 또한, 아이폰이 채택한 고릴라 글래스(Gorilla Glass)는 코닝(Corning)사가 1962년에 개발한 기술로서 적용 제품을 찾지 못하여 사장되었던 기술이다. 이러한 기술들은 아이폰 개발이라는 수요로 인하여 보다 새로운 가치를 창출하기 시작하였으며, 개발 과정에서 기술의 완성도가 높아진 것이다. 즉, 아이폰의 성공은 다른 혁신주체의 수요로서 작용한 것이며, 멀티터치, 마이크로 프로세서, 사운드잼의 입장에서는 수요견인 모형에 따라 혁신이 창출된 것이다. 게다가 아이튠즈는 모바일 어플리케이션에 대한 폭발적인 수요를 이끌어냄으로써, 많은 개발자 또는 개발사들이 수요견인 모형을 기반으로 한 혁신을 창출하였다.

즉, 왕을 비롯한 많은 경제학자들은 수요를 최종 소비자로만 단정하고 있지만, 위에서 살펴보았다시피 실제 혁신생태계에서는 기업도 혁신주체가 될 수 있다. 이는 해당 산업 또는 제품을 둘러싼 생태계가 어떻게 구성되어 있는지에 따라 수요측과 공급측이 달라지기 때문이다.

그림 31 혁신 생태계

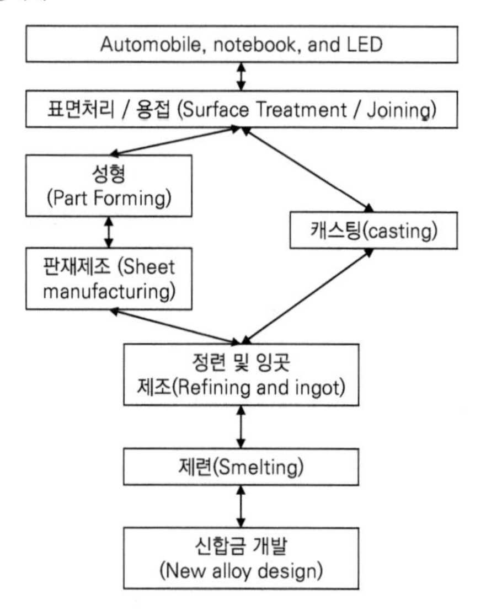

또 다른 사례로 판재를 적용한 자동차, 노트북 제품 개발 과정을 살펴보도록 하자. [그림 31]과 같이 자동차, 노트북을 제작하는 기업에서는 수요측이 사용자이겠지만, 판재를 제조하는 기업의 입장에서의 수요측은 판재를 성형하여 자동차 부품을 제작하는 기업, 성형된 자동차 부품을 표면처리하는 기업, 완성차 기업 등으로 다양하다. 이는 판재를 제조하거나, 성형하거나, 최종 조립하는 과정에서 판재의 성능 개선을 요구하는 수요 또는 아이디어를 제공하고 협력하면서 판재의 성능이 향상될 수 있기 때문이다.

보다 구체적인 혁신 사례로 대표적인 대형 국가연구개발사업인 WPM(World Premier Materials)[j]사업을 살펴보고자 한다. WPM 사업은 1단계(2010년~2012년) 원천기술개발, 2단계(2013년~2015년) 응용기술개발, 3단계(2016년~2018년) 사업화 추진의 총 3단계로 추진되며 친환경 스마트 표면처리 강판, 고에너지 이차전지용 전극 소재, 수송기기용 초경량 마그네슘 소재, 바이오 메디컬 소재, 에너지 절감/변환용 나노복합소재, 초고순도 SiC 소재, 다기능성 고분자 멤브레인 소재, LED(light emitting diode)용 사파이어 단결정 소재, 플렉서블(Flexible) 디스플레이용 기판 소재, 탄소저감형 케톤계 프리미엄 섬유 개발을 위한 10개의 사업단으로 구성되어 있다. 총 3단계의 기간 동안 정부출연금 약 7천억원, 민간투자금 약 10조원 규모의 사업을 목표로 추진된 10개의 WPM사업단에는 현재 약 220여개가 넘는 대기업, 중견·중소기업, 대학, 정부 연구기관 등이 참여하고 있다.

이중 '수송기기용 초경량 마그네슘 소재 사업단(이하 마그네슘 사업단)'은 미세조직 구성상의 정밀제어와 제조공정의 저비용·고효율화를 통해 기존 마그네슘 소재이 가지는 임계 성능의 한계를 극복하고 가격 경쟁력을 확보함으로써 저탄소 녹색성장을 주도할 수송기기 경량화 핵심 전략 소재 개발을 목표로 하고 있다.

---

j) WPM은 세계시장을 선점할 수 있는 소재를 의미하며 우리나라가 세계 최초로 상용화하거나 시장을 창출하고 지속적으로 시장 지배력을 확보할 수 있는 세계 최고 수준의 소재로서, 구체적으로는 세계시장 규모가 10억 달러 이상이면서 우리가 시장 점유율 30% 이상을 확보할 수 있는 소재를 말한다.

그림 32 마그네슘 사업단 개요

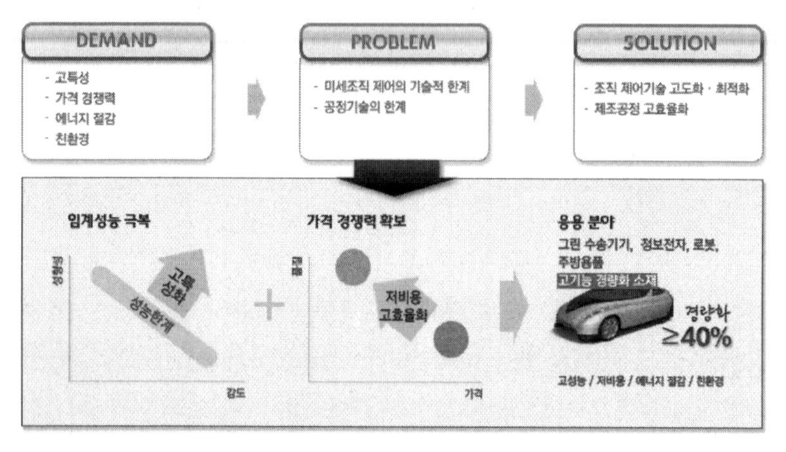

〈출처 : 수송기기용 초경량 마그네슘 소재 사업 홈페이지[11]〉

마그네슘 소재 기술에 대한 수요측의 요구는 [그림 32]와 같이 고특성, 가격경쟁력, 에너지 절감, 친환경 특성이며, 이러한 특성들은 비단 완성차 제조 기업뿐만 아니라 제련 기업, 정련 기업, 잉곳 제조 기업, 자동차 부품 성형 기업, 자동차 부품 표면처리 기업 등이 요구하는 사항이다.

즉, [그림 33]의 마그네슘 사업단 연구개발 네트워크에서 알 수 있듯이, 판재를 제조하는 대기업인 포스코에 대한 수요 요구는 판재의 성형, 접합, 표면처리 기술을 분석하는 대학과 연구소, 판재를 직접 성형, 접합, 표면처리하는 중소·중견기업들로부터 이루어질 수 있으며, 최종적으로는 대기업인 완성차 업체로 부터도 발생될 수 있는 것이다.

그림 33 마그네슘 사업단의 연구개발 네트워크

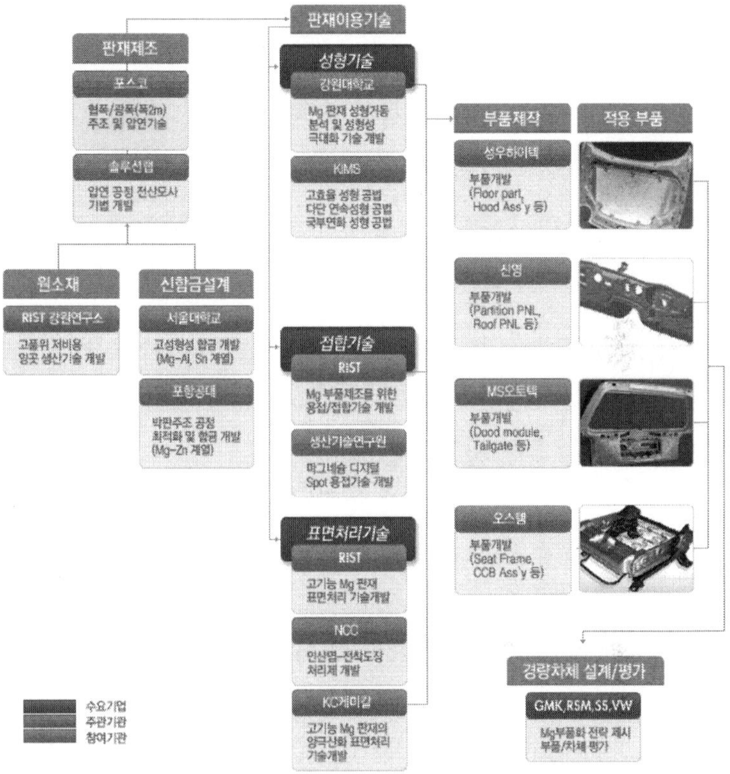

〈출처 : 수송기기용 초경량 마그네슘 소재 사업 홈페이지[11]〉

혁신생태계는 혁신주체 간의 공진을 통하여 발전해 나가는 복잡하고도 동역학적인 네트워크이다. 앞에서 본 사례와 같이 규모가 수요측은 각 혁신주체의 관점에 따라 달라질 수 있으며, 규모가 큰 기업이 반드시 수요측이 되는 것은 아니다. 그러므로 일반적으로 생각하듯이 수요가 시장의 구매자 또는 사용자에게서만 일어나는 것이 아니라, 해당 기술, 부품 또는 모듈, 서비스 등을 원하는 기업, 대학, 정부기관, 연구소 등 다양한 혁신주체로부터 발생될 수 있는 것이다.

앞서 사례연구에서와 마찬가지로 본 사례연구에서 저자가 지적하고 싶었던 부분은 연구자들은 기존의 이론에 입각해서만 판단하기보다는 해당 이론의 한계뿐만 아니라 확정 관점에서 과학기술혁신정책 연구를 진행할 필요가 있다는 점이다. 기존의 학자들이 제시하였던 기술혁신 모형에만 입각하여 실제 혁신사례를 연구하거나 혁신을 수행할 경우에는, 한정된 시각으로 인하여 제한된 결과만을 도출하게 될 것이다.

트리플헬릭스 모형 기반 분석 연구

본 연구에 대해서는 아래와 같은 저자의 연구사례[12]를 제시하였다.

지식 및 정보의 공유, 협력, 하이브리드 조직과 같은 상호작용은 어떻게 분석하고 예측할 수 있을까? 먼저 상호작용은 이에 상응되는 협력, 인용, 공저 등의 양적변수로 측정가능하며 이러한 변수들이 누적되면 상호작용의 강도가 높다고 말할 수 있다[13]. 이러한 방식은 산-학 협력을 측정하기 위하여 대학이 수행한 산-학 공동 프로젝트 횟수 또는 산-학 공동 특허의 건수를 측정하는 방식으로 사용되어 왔다. 위의 분석

방식으로 측정된 대학, 기업, 정부의 측정값을 3차원으로 표현하면 [그림 34]와 같다.

그림 34 대학-기업-정부 간 상호작용

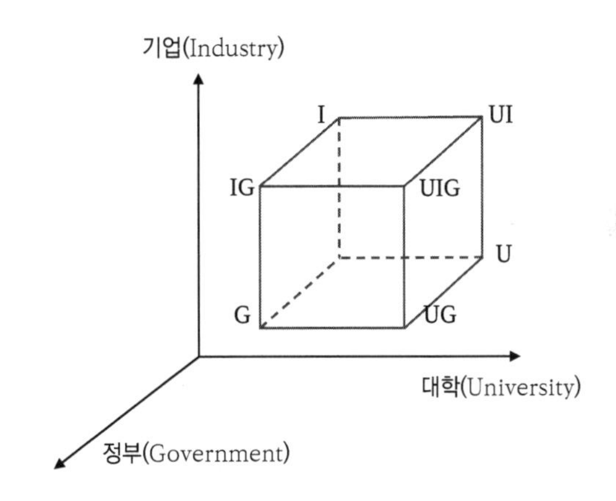

〈출처 : Leydesdorff(2006)[13]〉

하지만 이러한 측정 및 분석 방식은 선형적인 혁신 또는 특정 기관 간의 사례연구에는 적합하지만 동태적 발전 과정을 가지고 있는 다수의 연구개발 주체 간의 네트워크를 분석하기에는 한계가 있다. 또한, 이러한 방식은 각 주체 간의 상호작용을 비교 분석하는데 한계가 있으며, 주체의 수가 4개, 5개로 늘어나게 된다면 측정값이 4차원 이상을 형성하게 되므로 이를 도식화하거나 판단하는 것도 힘들어지게 된다. 한편 앞장에서 살펴본 루만의 상호작용에 대한 의미론적 해석에 따르면 상호작용은 전달자, 수용자 간에 정보의 의미일치를 위한 상호합의가 아니라 정보의 전달, 수신, 이해 단계의 불확실성 때문에 주체 간의 반복적인(recursive) 상호작용을 통하여 정보의 의미를 파악해 나가는 과정이며, 이러한 과정에서 주체 간 서로 다른 역량, 시선 등의 차이로 발생하는 재해석된 의미가 새로운 지식을 만들어 내는 공진화를 창출하는 현상이다. 이러한 의미론적 해석에 따르면, 주체 간의 협력건수로 상호작용을 측정할 경우 이는 상호작용을 전달자, 수용자 간에 정보의 의미를 일치시키는 상호합의로 판단하는 오류를 범하는 것이다. 그러므로 불확실성이 존재하는 네트워크에서의 주체 간 상호작용은 네트워크 이론에서 사용되는 상대적 빈도의 분포, 즉 확률적 분포(probability distribution)의 형태로 다루어지고 분석되어야 한다.

네트워크 상호작용에 대한 의미론적 해석에 대한 루만에 의하여 이루어졌지만 수학적 이론은 이미 1940년 후반 섀넌(Claude Elwood Shannon)에 의하여 확립되었다. 섀넌은 그의 논문 '통신의 수학적 이론(A Mathematical Theory of Communication)'을 통하여 정보를 정량적으로 다룰 수 있는 상호정보량(Mutual Information, MI), 엔트로피(entropy) 등의 정보 이론을 수립하였다. 그의 이론들은 현재까지도 정보통신, 정보처리, 전력전송, 데이터마이닝(data mining), 웹보메트릭스(webometrics), 이미지 처리 및 압축 등 다양한 학문에서 사용되고 있다.

섀넌의 이론에 따르면 다른 사건과는 관련 없이 오로지 단일 사건만의 발생 확률 p(x)에 근거한 사건 x의 정보량은 식 (2)과 같이 빈도의 분포(frequency distribution)로서 I, 자기정보량(self-information)으로 정의된다. 만일 확률이 1인 정보의 경우 자기정보량은 0이며, 확률이 낮은 정보일수록 자기정보량은 1에 가까워지게 된다. 이는 예측 가능한 정보의 경우 사건의 발생 확률이 높아지므로, 자기정보량, 즉 정보의 가치가 0에 가까워지는 것을 의미한다. 예를 들어 동일한 글자 수를 가진 'A'라는 일반도서, 'B'라는 무작위 단어로 조합된 도서 중 정보량이 많은 도서는 B인데, 이는 정보량이란 정보가 얼마나 예측하기 힘든 놀라운 정보를 가지느냐를 말하기 때문이다.

$$I_x = I(x) = -\log_2 p(x) \quad \text{식 (2)}$$

또한, 정보량은 비트(bit) 단위로 표현되는데 이는 구분가능성(distinguishability)에 기반하고 있기 때문이다. 이를 예로 들어 설명하면 [그림 35]와 같이 0에서 7까지의 숫자 중 임의의 숫자 X는 3개의 질문을 가지고 예측할 수 있음을 의미하는데, 이는 '예 또는 아니오(0 또는 1)'로 답변 가능한 질문을 몇 번 던졌을 때 그 숫자를 예측할 수 있느냐를 뜻하기 때문이다.

그림 35 비트 단위로 구성된 의사결정 나무

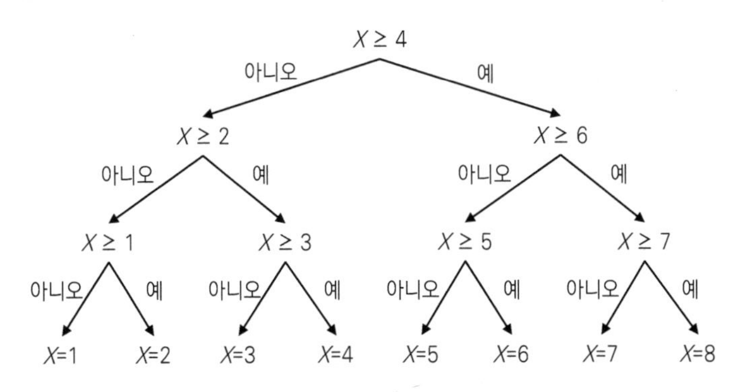

전체 사건의 집합이 $X=\{x_1, x_2, \cdots, x_n\}$로 구성되며, 각 사건이 발생될 확률이 p(x)라고 하면 엔트로피는 식 (3)과 같이 H로 정의된다. 이를 섀넌의 엔트로피(Shannon's entropy)라고 하며, 이는 열역학에서의 엔트로피와 형식적으로 유사한 형태를 가지고 있다. 또한, 각 사건의 발생 확률의 평균을 나타내므로 평균정보량이라고도 한다.

$$H_x = H(X) = \sum_{x=1}^{n} p(x) I(x) = -\sum_{x=1}^{n} p(x) \log_2 p(x) \quad \cdots \text{식 (3)}$$

그림 36 X, Y 두 주체의 평균정보량과 상호정보량

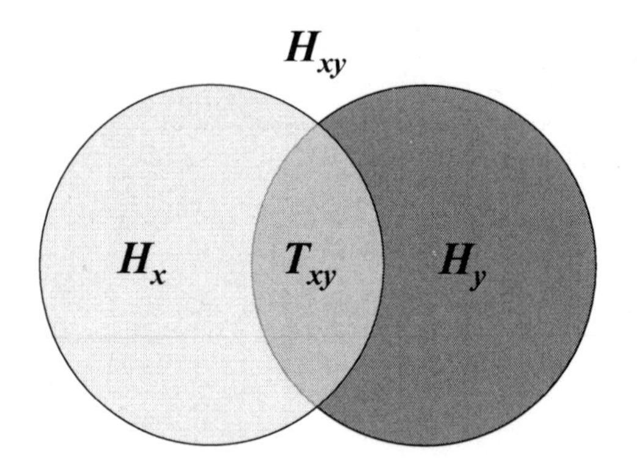

$$H_{xy} = H_x + H_y - T_{xy} \quad \cdots\cdots \text{식 (4)}$$

$$T_{xy} = H_x + H_y - H_{xy} \quad \cdots\cdots \text{식 (5)}$$

[그림 36]에서의 H_x와 H_y의 합집합인 H_{xy}는 식 (4)과 같이 H_x와 H_y의 합산으로 중복 계산된 T_{xy}를 제거함으로써 계산되며, 이에 따라 상호정보량 T_{xy}는 식 (5)와 같이 유도된다. 상호정보량은 서로 다른 주체 간 공유되는 정보의 양으로, y가 발생한 조건하에서 x의 발생으로 전달되는 상호간의 확률적 정보량을 말한다. 여기서의 상호정보량 T_{xy}가 0인 경우는 2개의 주체가 완전히 독립되어 있음을 의미한다.

$$T_{uig} = H_u + H_i + H_g - H_{ui} - H_{ug} - H_{ig} + H_{uig} \quad \text{식 (6)}$$

위의 이론을 바탕으로 레이데스도르프는 과학계량학(scientometrics)적 상호작용 분석방법을 아래와 같이 제시하며 트리플헬릭스의 산-학-관 주체 간의 상호작용을 분석하였다. 그에 따르면 대학(university: u), 기업(industry: i), 정부(government: g) 3개 주체 간 상호정보량은 식 (6)과 같이 유도 된다[14].

〈출처 : 이영훈. (2016)[12], 114~120〉

레이데스도르프는 Web Of Sicence(WOS)의 Science Citation Index(SCI)에 등재되어 있는 2000년도의 논문들에 대하여 저자 주소 정보를 활용해 산, 학, 관 3개의 주체로 분류하고 16개 국가의 상호작용을 비교 분석하였다. 그는 각국의 산-학-관 공저자 네트워크의 주체들의 구성과 산-학-관 시너지를 비교하였으며, 이 중 일본이 가장 높은 산-학-관 시너지를 보인다고 주장하였다.

트리플헬릭스 분석론은 산-학-관 연구개발 네트워크의 정보의 측정을 통하여 각 연구개발 주체 간의 상호작용에 대한 실증분석 연구를 촉발하였고, 이를 통한 상호작용의 시계열적 변화를 알 수 있는 종단적 분석연구가 가능해졌다. 이에 따라 트리플헬릭스 내 혁신주체 간의 상호작용에 대한 실증분석 연구들이 최근 다수 등장하기 시작하였는데, 박한우 교수[15]와 레이데스도르프는 WOS의 SCI, Social Sciences Citation Index(SSCI), Arts and Humanities Citation Index(AHCI)에 등재되어 있는 우리나라 저자가 포함된 논문들의 저자 주소 정보를 활용해 산, 학, 관 3개의 주체로 분류하고, 논문 공저를 위해 공동협력한 공저자 네트워크의 상호작용에 대하여 종단적 실증분석을 수행하였다. 이를 바탕으로 그들은 우리나라의 엄격한 연구성과 평가정책이 논문의 수를 제고시키는데 도움이 되었지만 연구 네트워크의 시너지 향상을 저해하였다고 설명하였다.

이러한 산-학-관 연구개발 시너지에 해외기관의 참여가 어떠한 영향을 미치는지를 알아보기 위하여 기존의 대학, 기업, 정부 3개 주체 외에 해외기관을 추가해 대학-기업-정부-해외기관에 대한 공저자 네트워크를 분석한 연구들도 이루어졌다. 권기석 교수[16] 외 연구자들은 1968년부터 2009년까지의 WOS의 우리나라 저자가 포함된 논문들에 대하여 기존의 대학, 기업, 정부 3개 주체 외에 해외기관을 추가해 대학-기업-정부-해외기관 공저자 네트워크를 종단적으로 분석하였다. 그들은 세계적 수준의 연구성과를 위하여 시행된 우리나라의 정부 정책들이 오히려 산-학-관 협력을 약화시키는 결과를 초래하였다고 주장하였다. 이러한 현상은 사우디아라비아의 공저자 네트워크 분석연구에서도 동일하게 나타났는데 그들은 해외기관과의 논문공저의 협력이 대부분 대학 또는 정부의 연구부문 간에 치우쳐 수행되었기 때문이라고 설명하고 있다[17].

공저자 네트워크 외에도 최근에는 연구개발 성과 중 하나인 특허의 공동발명인 네트워크 상호작용 분석이 몇몇 학자에 의하여 시작되고 있다. 레이데스도르프와 메이어(Meyer)[18]는 대학들이 창출한 미국 특허 데이터를 바탕으로 공동 발명인 네트워크를 분석하였다. 그들은 1999년까지 미국의 연구개발 간접지원 정책인 바이-돌 법이 미국 대학의 특허 활동 제고에 긍정적인 영향을 미쳤으나, 2000년대에 접어들면서 일본, 중국과 같은 해외대학들이 미국 특허 창출 활동을 주도하였다고 주장하였다. 또한, 2001년부터 2010년까지의 우리나라 특허 데이터를 바탕으로 연구개발 주체들인 대학, 대기업, 개인, 정부의 특허 활동 경향을 분석한 연구도 이루어졌다[19].

〈출처 : 이영훈. (2016)[12], 50~51〉

한편, 이영훈과 김영준 교수[20]는 공저자 및 공동발명 네트워크의 한계를 극복하기 위하여 공식적으로 구성된 연구개발 네트워크를 대상으로 트리플헬릭스 분석을 실시하였으며, 연구데이터는 1987년부터 2012년까지 국가연구개발과제 64,459건에 참여한 143,107개 혁신주체 간의 상호작용을 대상으로 하였다. 그들은 서로 다른 유형의 기업 간의 상호작용이 활발하다는 점에 착안하여 기존의 기업-대학-정부 상호작용 외에도 대기업-중소·중견기업-벤처기업-정부 간의 상호작용을 측정하여, 기존의 트리플헬릭스 분석 결과의 한계를 일부 제시하였다.

과학기술혁신 관련 평가 개선 연구

본 연구에 대해서는 아래와 같은 저자의 연구사례[21]를 제시하였다.

연구개발과제 "평가"는 진행 중이거나 완료된 연구개발 과제의 계획, 실행 및 결과에 대한 체계적·객관적 분석을 통해 성과를 측정하는 것으로, 평가의 목적은 개발목표의 적절성, 효율성, 효과성, 영향력 및 지속가능성을 측정하는 것이다[22]. 여기서 적절성(relevance)이란 연구개발 과제의 계획, 실행 및 결과가 과학기술혁신을 위한 국가연구개발사업의 정책적 우선순위 및 사회적 수요 등에 얼마나 적합한가를 나타내며, 효율성(efficiency)은 투입자원 대비 연구개발 성과물이 얼마나 효율적으로 나타났는가의 정도를 표시하는 것으로 투입자원 대비 성과가 클수록 효율성이 높다고 판단 한다[23]. 또한, 효과성(effectiveness)은 평가대상이 초기에 수립한 연구개발 목표를 얼마나 달성하였는지를 측정하는 것이다. 영향력(impact) 및 지속가능성(sustainability)은 연구개발성과가 가져오는 장기의 사회 경제적 변화와 이에 대한 지속성을 말한다.

계량지표(양적 지표)는 상대적으로 구체적이고 계량화가 가능한 항목에 대하여 정해진 알고리즘에 따라 직접적인 연구개발성과를 수치로 나타내며, 연구개발 활동의 특정 부문을 나타낼 수 있는 수치를 제공한다[24]. 계량적 지표의 예로서는 SCI급 논문건수, 총 SCI급 논문건수/총 연구사업비, 총 SCI급 논문건수/총 참여연구원 수 등이 있다. 준계량지표는 평가대상의 각 성과항목 등에 대하여 평가자의 직관적 판단을 점수화되도록 설정하는 방법으로 한편에서는 계량지표로 인식되지만, 실제적으로는 주관적인 의견을 점수화한 지표라고 할 수 있다. 준계량지표는 평가결과가 점수로 환산되어 객관적인 형태를 가지고는 있지만, 주관적 판단을 점수화하였기 때문에 판단의 불확실성을 제거하기 위해서는 전문가에 의한 평가지표의 분석 및 타당성 검토 등의 노력이 필요하다[25]. 비계량지표는 평가자의 주관적인 판단에 근거하여 의견의 형태로 작성되며, 평가자의 편견이 존재할 수 있다는 단점에도 불구하고 연구개발과제의 평가에서 많이 사용되고 있다.

연구개발사업의 평가는 평가지표의 계량화 정도에 따라 정성적 평가(qualitative assessment)와 정량적 평가(quantitative assesment) 방식으로 구분할 수 있다. 즉, 정량적 평가방법은 계량지표를 이용하는 분석법으로 비용편익분석법, 계량경제법, 생산함수접근법 등이 있다. 정량적 평가의 장점은 계량된 평가지표를 사용하기 때문에 사용방법이 간단하며 상대적으로 평가의 객관성 유지 및 계량적 분석이 용이하다는 점이다. 하지만, 사업간, 과제간, 기술간 서로 비교가능한 적절한 기준을 세우기가 어렵기 때문에 평가지표의 설정에 세심한 노력이 필요하다. 정량적 평가에서는 과제선정평가 시 기술개발 종료시점과의 시차로 인하여 기술개발 성과 및 영향의 계량화가 어렵다는 단점이기 때문에, 어느 정도의 정성적 평가가 요구된다. 특히, 시장변화가 크고 개발기술의 단계가 기초기술에 가까울수록 정성적 평가에 의존할 수밖에 없다. 또한, 정량적 평가에만 의존할 경우 평가자의 전문적 검토의견이 평가에 반영되지 못하게 되는 한계점이 있다.

정성적 평가는 연구의 성과 또는 영향 등에 대하여 계량화가 어렵거나 불가능한 항목에 대하여 전문가의 주관적인 판단을 비탕으로 평가하는 것으로, 준계량지표 혹은 비계량지표를 이용하거나 두 지표를 동시에 사용하는 방법이다. 정성적 평가는 전문가의 주관적인 검토를 바탕으로 연구개발 성과 및 영향에 대한 평가방법으로 전문가평가(Peer review), 사례연구, 서베이 등의 방법이 있으며, 주로 연구개발과제의 선정은 전문가평가에 의하여 이루어지고 있다. 평가자는 평가대상에 대하여 검토의견서 작성을 통하여 자신의 의견을 반영할 수 있으며, 이때 준계량지표를 이용하여 점수를 부여하기도 한다. 하지만, 정성적 평가는 평자가의 주관이 개입되므로 그 객관성과 효과성을 확보하기 위해서는 평가절차의 확립뿐만 아니라 과제에 대한 검토에 충분한 시간과 노력이 필요하다.

주의해야할 점은 계량지표의 사용유무가 정성적 평가와 정량적 평가를 구분하는 잣대는 아니다. 정량적 평가를 위해서는 각 계량지표들이 특정 기준 또는 알고리즘에 의하여 순위 또는 등급 등으로 산출되어야 한다. 예를 들어, 특정 기준이 없이 특정과제의 연구개발과정에서 산출된 논문건수를 적거나 많다고 판단하는 것은 정성적 평가방법이다. 즉, 정량적 평가방법은 계량지표를 반드시 이용해야 하지만, 계량지표를 가지는 평가방법이라 해서 모두 정량적평가라고 할 수는 없다.

〈출처 : 조현대 외. (2015)[21], 8~10〉

사카키바라(Mariko Sakakibara)와 조동성은 연구를 통하여 "한국의 산업기술정책이 연구개발 협력의 효과적 구현에 오히려 장애물이 되었다(Korean industrial policy became an obstacle to the effective implementation of co-operative R&D)"[26]라고 말하고 있다. 특히, 과학기술혁신을 위한 국가연구개발사업에서 정량적 성과만을 강조하거나 수행주체의 유형과 정부출연금, 민간부담금, 사업비목 등을 한정하는 규제 속에서는 대학, 기업, 정부는 협력을 통하여 응용기술의 사업화 성공이라는 도전적 목표를 가지고 연구개발을 수행하기보다는 각자 주어진 정량적 목표만을 달성하는데 치중하는 경향을 보이기 쉽다. 이와 같이 정량적 목표 달성에 초점을 둔 연구개발 풍토에 반대하는 움직임은 2012년 세계 유명 과학자들이 발표한 DORA(the San Francisco Declaration on Research Assessment) 선언[27]으로부터 시작되어 2013년 IEEE(Institute of Electrical and Electronics Engineers) 권고안(IEEE, 2013)으로 이어졌는데, DORA 선언 및 IEEE 권고안 모두 연구성과를 논문인용 지수 등의 계량지표로 평가하는 과학계 풍토를 없애야 한다고 주장하고 있다. 2015년 네이처(Nature)에서 발표된 라이덴(Leiden Manifesto) 선언(Hicks et al., 2015)에서는 연구성과를 평가하기 위한 계량적 평가지표가 최근 급속히 확산되고 있으나, 실제 평가지표의 활용 및 분석 방법에 대한 고민이 부족한 실정이며, 정량적 평가는 정성적 평가 지원에 활용되어야 한다고 주장하였다[28].

한편, 이러한 움직임은 국내로도 이어져, 2016년 3월 고려대, 서울대, 한국과학기술원, 포항공대, 연세대 등 국내 이공계 대학들의 공동선언으로 이어졌다. 이들은 연구업적에 대한 정량평가를 지양하고 정성평가를 강화해야 하며, 논문 수, 단기 실적 등의 정량적 목표 중심의 연구개발 풍토에서는 많은 연구자들이 독창적이며 모험적인 연구개발에 도전하기보다는 단기간에 결과물을 얻어내는데 치중하거나 타인의 연구를 답습하려는 경향이 높아진다고 주장하였다. 즉, 현재 우리나라의 연구개발 지원정책 하에서는 연구개발 주체 간 협력을 통한 혁신적 성과 창출보다는, 개별 주체의 양적인 연구개발 목표 달성만을 위해 연구를 수행하고 평가받는 것이 실적에 도움이 된다는 것이다. 이에 이들 대학들은 우선적으로 대학 내의 업적평가를 정성평가 방식으로 개선할 것을 발표하였고, 대학 내 연구개발 예산은 대부분 정부에 의존하고 있기 때문에 정부의 공동 노력이 반드시 수반되어야 한다고 주장하였다.

그러므로 정부는 산-학-관 상호작용 제고를 위하여 과학기술혁신을 위한 국가연구개발사업의 평가과정에서 연구개발 성과에 대한 정량평가만을 실시하기보다는 정성평가를 강화하여 산-학-관 협력 및 도전적·혁신적 연구개발 문화를 확산하여 연구개발 성과의 질적 수준을 제고하여야 한다.

〈출처 : 이영훈. (2016)[12], 145~146〉

제4장의 참고문헌

본문의 참고문헌

1. Christensen, C. M., Raynor, M. E., & McDonald, R. (2015). What is disruptive innovation. Harvard Business Review, 93(12), 44-53.
2. 박범진. (2007). 존속적 혁신과 파괴적 혁신. 신한 FSB 리뷰, 22-25.
3. 김민식., & 정원준. (2014). ICT 산업의 발전과 빅뱅파괴 혁신의 이해. 정보통신 방송정책. 제26권 1호.
4. Christensen, C. M., Raynor, M. E., & McDonald, R. (2015). 파괴적 혁신이란 무엇인가. Harvard Business Review Korea, 2015-12, 48-57.
5. King, A. A., & Baatartogtokh, B. (2015). How useful is the theory of disruptive innovation?. MIT Sloan Management Review, 57(1), 77.
6. King, A. A., & Baatartogtokh, B. (2015). 파괴적 혁신이론 맹종은 위험 자칫, 경쟁자에게 시장만 넘겨줄 수도. 동아비즈니스리뷰, 2015년 11월 이슈 1.
7. Wang, P. (2009). An integrative framework for understanding the innovation ecosystem. Paper presented at the Proceedings of the Conference on Advancing the Study of Innovation and Globalization in Organizations.
8. Jackson, D. J. (2011). What is an innovation ecosystem. National Science Foundation, Arlington, VA.
9. Adner, R. (2006). Match your innovation strategy to your innovation ecosystem. Harvard Business Review, 84(4), 98.
10. Steve Jobs. (1998). Interview with Businessweek, May.
11. 수송기기용 초경량 마그네슘 소재 사업단 홈페이지. http://www.wpm-mg.com
12. 이영훈. (2016). 국가 연구개발 네트워크의 상호작용에 관한 연구. 고려대학교 박사학위 논문.
13. Leydesdorff, L. (2006). The knowledge-based economy: Modeled, measured, simulated: Universal-Publishers.
14. Leydesdorff, L. (2003). The mutual information of university-industry-government relations: An indicator of the Triple Helix dynamics. Scientometrics, 58(2), 445-467.
15. Park, H. W., & Leydesdorff, L. (2010). Longitudinal trends in networks of university–industry–government relations in South Korea: The role of programmatic incentives. Research Policy, 39(5), 640-649.
16. Kwon, K.-S., Park, H., So, M., & Leydesdorff, L. (2012). Has globaliza

tion strengthened South Korea's national research system? National and international dynamics of the Triple Helix of scientific co-authorship relationships in South Korea. Scientometrics, 90(1), 163-176.

17. Shin, J., Lee, S., & Kim, Y. (2012). Knowledge-based innovation and collaboration: a triple-helix approach in Saudi Arabia. Scientometrics, 90(1), 311-326.
18. Leydesdorff, L., & Meyer, M. (2013). Technology transfer and the end of the Bayh-Dole effect: Patents as an analytical lens on university-industry-government relations. arXiv preprint arXiv:1302.4864.
19. Stek, P. E., & van Geenhuizen, M. S. (2014). Measuring the dynamics of an innovation system using patent data: a case study of South Korea, 2001-2010. Quality & Quantity, 1-19.
20. Lee, Y. H., & Kim, Y. (2016). Analyzing interaction in R&D networks using the Triple Helix method: Evidence from industrial R&D programs in Korean government. Technological Forecasting and Social Change, 110, 93-105.
21. 조현대, 서지영, 김명관, 최태진, 정윤성, & 이영훈. (2015). 국가연구개발 정성평가 현황과 발전방향. 정책연구, 1-167.
22. OECD DAC(2009), 국제개발협력 통합평가매뉴얼.
23. Joanneum(2006), IST Evaluation and Monitoring, Joanneum Research.
24. 이장재 외(2003), 정부 연구개발프로그램의 평가지표 개발에 관한 연구.
25. 이정원 (2000) R&D 평가시스템의 이론적 체계 구축 및 적용방안에 관한 연구
26. Sakakibara, M., & Cho, D.-S. (2002). Cooperative R&D in Japan and Korea: a comparison of industrial policy. Research Policy, 31(5), 673-692.
27. Bladek, M. (2014). DORA San Francisco Declaration on Research Assessment (May 2013). College & Research Libraries News, 75(4), 191-196.
28. 유소영·이재윤·정은경·이보람 (2015). 연구성과평가 지침 리뷰 및 국내 적용 제안을 위한 고찰, 정보관리학회지, 32(4), 249-272.

저자소개

이 영 훈

고려대학교 기술경영전문대학원에서 기술경영학 전공으로 박사학위를 받고 동 대학원의 겸임교수로서 R&D정책, R&D평가관리 등의 과목을 강의하고 있으며, 현재 한국산업기술평가관리원(KEIT)의 책임연구원으로 근무 중이다. KEIT에서 근무하기 전에는 삼성전자 기술총괄 (CTO) 생산기술연구소에서 로봇 관련 R&D 기획·설계 업무를 담당하는 연구원으로도 재직하였다.

그의 주요 연구결과물은 *Technological Forecasting and Social Change, Samsung Best Paper Award Journal, International Journal of Control, Automation, and Systems, International Conference on STI and Development, ADI Workshop* 등에 게재 및 발표 되었으며, 다수의 특허를 국내·외에 출원·등록하였다. 그의 최근 연구는 트리플헬릭스, 산학연 협력, 혁신이론, R&D정책, R&D평가 등에 초점을 맞추고 있으며, 혁신주체 간 상호작용 촉진과 R&D 정성평가 강화에 관해 관심을 가지고 있다.